아이와 함께하는 방재북

NPO 법인 마마플러그 지음 황명희 옮김

1,223명의 엄마 아빠와 만든 재난 체험담

BM (주)도서출판 성안당

재해로부터 안심하기 위한 책

즐겁게 생활하는 것이 곧 언제 닥칠지 모를
자연재해에 대비하는 힘이 되어 준다.
그것이, 엄마와 아빠가 아이를 지키기 위해
할 수 있는 일이다

2011년 3월 11일 14시 46분, 딸과 놀러 간 도쿄의 친구 집에서 재해를 입었다. 지방 출장 중이었던 남편은 돌아오지 못했고 딸과 나는 친구 집에서 숙박해야 했다. 당시 딸은 2살이었다. 그 후 한동안 아이를 데리고 외출하는 것이 무서워서 아이 친구 엄마들과 함께 어울려 장을 보러 다니고 함께 아이를 돌봤다. 도쿄의 혼란이 다소 진정됐을 무렵, 함께 일하던 어린아이를 둔 크리에이터들로부터 아이가 어려서 재난지역에 도움을 주러 가는 것은 어렵지만, 재난지역 엄마들을 위해 뭔가 하고 싶다는 의견이 나왔다. 그때 2011년 여름부터 마마플러그의 전신인 'つながる.com' 프로젝트를 시작했다. 세계적인 크레용 아티스트 미레이 히로키 씨의 꽃 그림이 프린트된 캔버스를 준비해서 재난지역의 엄마와 아이들에게 색칠을 하게 하고 토트백으로 만들어서 판매했다. 수익금을 지원물자로 바꾸어 나눠주면서 동시에 피해를 본 가족의 이야기를 취재하고 어린이의 생명을 지키기 위한 체험담과 방재 기술을 정리해서 출판했다. 또한 특정비영리활동법인을 설립하고 행정 업무와 더불어 방재 강좌를 개발하여 전국으로 강연을 다녔다.

동일본 대지진 후 8년. 이재민들의 목소리를 들으면서 아이와 돌봄이 필요한 노인, 특수한 보살핌이 필요한 분들의 방재 기술을 향상시켜 왔다.

그러는 사이에도 일본을 덮친 재해는 이루 다 헤아릴 수 없을 정도로 많았다. 2018년 한해를 나타내는 한자로 재(災)가 선정될 정도로 우리는 지진뿐 아니라 많은 재해를 겪으며 살아가고 있다. '대비해야지' 생각하면서 귀찮기도 하고 어디부터 손을 대야 할지도 모르겠고, 방재용품이라고 하면 미관상 예쁘지 않아 마음이 내키지 않는다는 이유로 뒷전으로 미루기 십상인 방재. 그런 마음의 뒤에는 마주하고 싶지 않은 불안과 두려움이 잠재하고 있는 건 아닐까.

사람들은 생명에 직결된 문제를 두려운 나머지 애써 외면하거나 아니면 완벽하게 하려다 보니 힘들어하는 것 같다. 그렇기에 정말로 필요한 방재를 몸에 익히고 안심할 수 있는 생활을 해야 한다. 본래 방재에 대한 의식이나 대비는 만일의 경우를 위해 돈과 시간을 들여 어쩔 수 없이 하는 것이 아니라, 일상 속에서 안전성을 높이고 가족 모두가 안심하고 웃으며 살기 위한 것이다. 이 책은 그런 이유에서 만들었다.

방재는 천차만별이다. 가족의 수만큼 필요한 방재가 있다. 이 책에서는 지진뿐 아니라 최근 일본에서 일어난 재해별로 피해를 본 엄마들의 목소리를 청취하고 그에 대응하는 방재 기술을 전하려고 한다. 또한 재해 지원에 종사하는 의사나 방재 전문가 등의 협력을 얻어 심신의 안정을 얻는 방법까지 총망라했다.

아이를 지키기 위해 엄마와 아빠가 해야 할 일은 두려움에 떨면서 엄격하게 방재에 임할 것이 아니라 즐기면서 삶의 질을 끌어올리는 것이다. 모든 가족, 특히 아이의 안전과 웃는 얼굴을 위해 아무쪼록 이 책이 도움이 되길 바란다.

특정비영리활동법인 마마플러그
액티브방재사업 대표 **도미카와 마미**(冨川万美)

C O N T E N T S

1

그때, 어떻게 몸을 지켰나

2

체험담으로 배우는 정말 필요한 방재

맞춤형 방재

한 걸음 더 실천하는 방재

의료종사자에게 듣는 재해 시 필요한 것

당연하게 받아들여 대비한다

아이를 동반한 가족의 방재는 일상생활 속에서 할 수 있는 것부터 생활의 일부처럼 실천할 것

'어디까지 해야 할지 잘 몰라서…'

마마플러그에서 개최하고 있는 방재 강좌를 하면서 엄마 아빠로부터 가장 많이 듣는 말이다. 아이의 생명을 지키고 싶다는 강한 의욕이 준비 단계에서의 장벽을 높여 방재를 보다 더 어렵게 느끼게 한다. 근래 들어 확실히 재해가 증가하고 있지만 내진 구조 건물에 살고, 해저드 맵으로 침수 등의 위험을 파악하고, 필요한 물건을 비축하고, 만일에 대비해 피난 경로를 파악해 두면 재해 상황에서 침착하고 냉정하게 대처할 수 있다.

진도 6의 지진이 일어나도 지진 때문에 죽는 일은 적다. 그보다 아이를 동반한 가정에서 힘든 점은 재해 발생 이후에 원래 생활로 돌아가기까지 겪어야 하는 이재민 생활이라고 한다.

재해 시에는 무슨 일이 일어날지 그리고 재해 후에 무엇을 대비하면 좋을지, 이재민의 경험담을 토대로 제대로 파악하고 평소부터 차근차근 대비해야 한다. 이 책에서는 아이를 동반한 가족에게 정말로 필요한 방재 방법을 설명한다.

그때, 어떻게 몸을 지켰나

※이 책에 기재된 부모와 자녀의 연령은 재해 당시 기준이다.

쓰나미가 오는지 몰랐다

아이를 감싸 안았다

👤 어떻게 해야 할지 몰라 딸을 안은 채 그 자리에 쭈그리고 앉았다(32세 여성. 딸 6개월).

무슨 일이 일어났는지 모른 채 패닉 상태에 빠졌다

👤 패밀리 레스토랑에서 재해가 일어나 직원의 안내로 실외로 대피했다. 차에 타서 라디오로 정보를 들었다. 내가 있는 곳은 바다에서 먼 고지대였기 때문에 그곳에서 아이를 품에 안고 대기했다. 신호등은 고장 났고 여진이 있어서 3시간 동안 그 자리에서 움직이지 못했다(26세 여성. 아들 1세).

수유 중이었다

👤 수유를 하던 중 크게 흔들렸다. 딸을 감싸 안고 흔들림이 가라앉기를 기다렸다(28세 여성. 딸 4개월).

👤 임신 9개월에 외출지에서 지진이 일어났다. 큰 흔들림이 있었고 아이가 나오지 않게 해달라고 기도했다(25세 임산부).

"아이는 어디에?"
아이가 있는 장소를 전혀
파악하지 못했다

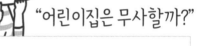

**아무것도
할수없어**

"어린이집은 무사할까?"

👤 땅이 울린 후 크게 흔들렸다. 꼼짝 못하는 상황에서 딸의 얼굴이 떠올랐다. 흔들림이 가라앉은 후 차를 타고 정신없이 어린이집으로 향하는 중에도 여진으로 여러 차례 핸들이 제멋대로 돌아갔다(34세 여성. 딸 3세).

쓰나미가 바로 옆까지
다가오고 있었다

👤 아이와 함께 고지대로 대피하고 나서 거리가 쓰나미에 휩쓸리는 것을 멍하니 보고 있었다(29세 여성. 딸 1세).

👤 아이를 데리고 고지대에 있는 학교 옥상으로 대피했다. 해안부에 근무하는 남편이 무사한지 몰라 혼란스러웠다(26세 여성. 아들 4세).

한밤중에 일어난 지진의 공포로
잠을 잘 수 없었다

목욕을 하다가 지진이
일어나 패닉 상태

첫 지진이 왔을 때 욕조에 있던 아들이 물을 들이키는 바람에 너무 당황한 상태여서 대피하기 전 아이를 진정시키기 힘들었다(38세 남성. 아들 8세).

집이 무너질까 봐 무서워서
차 안에서 숙박하는 사람도
속출

구마모토에 대지진이 일어나다니
그 누구도
예측하지 못했다

구마모토는 태풍이 잦은 지역이다. 무게가 나가는 기와를 이용해 날아가지 않도록 고정해 놓았기 때문에 지붕 무게로 인해 무너진 가옥도 많았다. 대피소 주차장이나 도로 가장자리에 차를 세워놓고 그 안에서 숙박을 하는 광경이 벌어졌다(42세 남성. 딸 5개월).

캄캄한 어둠 속에 내던져진 것만으로도 두려웠다

어두운 밤의 지진이 그토록 무서울 줄 상상하지 못했다

👤 지진으로 정전이 돼서 TV를 볼 수 없었다. 불안에 떨며 라디오와 인터넷 정보에 의지하며 촛불 하나로 밤을 보냈다(34세 여성. 딸 9세, 아들 2세).

👤 심야에 휴대폰에서 지진재해 알림이 울린 순간 엄청난 흔들림에 휩싸였다. 서둘러 대피소로 가려고 했지만, 길이 막혀서 오도 가도 못했다(36세 남성. 딸 4세).

👤 한밤중에 침대에서 떨어지고도 무슨 일이 일어났는지 몰랐다. 아이가 자기 방에서 울부짖었지만 엄청난 흔들림에 바로 달려갈 수가 없었다(31세 여성. 딸 8세).

바깥으로 뛰어나갔지만 바로 블랙아웃이 왔다

신호등이 다 꺼졌어!!

폭탄이 떨어진 것처럼 땅이 울렸다

TV가 떨어졌어요

몸이 침대 위에서 날아올랐죠

> 🧍 폭탄이 떨어진 것처럼 몸이 튕겨져 올랐고 침대 주변의 물건이 한꺼번에 날아왔다. 정전으로 불이 켜지지 않아 어둠 속에서 아이 방으로 기어갔다. 방에도 거실에도 물건이 흩어져 있어 깨진 유리 조각에 손을 다쳤다(31세 여성. 딸 7세).

거리는 불바다였고 아이의 손을 끌고 필사적으로 도망쳤어요

가구가 쓰러져서 하마터면
깔릴 뻔했죠

괜찮아!?

같은 아파트에 사는
친구가 달려와 줬어요

> 👤 남편이 단신으로 먼 곳에서 일을 하고 있었기 때문에 혼자 어떻게 해야 할지 몰라 아이를 감싸 안고 있었는데, 같은 아파트에 사는 친구가 급히 달려와 줬다(27세 여성. 아들 2세).

일단 잠옷 바람으로 뛰쳐나왔지만
그때부터 어떻게 해야 할지 모른 채
추위에 떨었습니다

> 👤 TV도 라디오도 안 켜지는 바람에 무슨 일이 일어나는지 몰라 어찌할 바를 몰랐다(35세 남성. 아들 7세).

> 👤 무조건 도망쳐야 한다는 생각에 아내랑 아이와 밖으로 나왔는데, 깜깜한 어둠 속에서 어디로 가야 할지, 어떻게 하면 좋을지 전혀 알 수 없었다. 위급 시에 대비해 차의 기름을 아끼려고 시동을 걸지 않았더니 추워서 견딜 수 없었다(42세 남성. 아들 10세).

순식간에 거리가 물에 잠겼다

처음으로 비가 무섭다는
생각이 들었다

👤 당분간은 괜찮을 거라고 안심했는데 순식간에 침수됐다. 집 안에 남겨진 사람이 많았다(39세 여성. 딸 5세, 아들 1세).

👤 할아버지가 함께 피하자고 설득을 해도 괜찮다며 말을 듣지 않았다. 먼저 대피했더라면 좋았을 텐데 주변이 순식간에 물에 잠기고 할아버지는 보트로 구조되었다(41세 남성, 아들 8세, 4세).

👤 이미 도로가 침수되었기 때문에 집에서 마냥 기다렸다. 정전 속에서 공포를 느끼며 거실에서 가족끼리 붙어 있었다(29세 여성. 딸 4세).

토석류(土石流)가 논밭과 주거지를 가득 메웠다

자동차의 자동 브레이크 기능이 작동되어 물에 잠긴 도로 한복판에서 차가 멈춰버렸다

👤 엄청난 비를 뚫고 운전을 해서 대피소로 이동하는 것 자체가 공포였다(36세 남성. 아들 4세).

집 뒷산의 산사태로 1층에 있었더라면 아찔한 상황이었다

👤 출산을 위해 친정에 가 있었을 때 재해가 일어났다. 2층으로 대피하자마자 바로 토석류가 집을 덮쳤다. 2층에 있다가 구조되었지만 간발의 차였다(40세 여성. 아들 생후 2주).

옆집 지붕이 날아왔다

👤 뿌지직 뿌지직하는 엄청난 소리가 들린 순간 집에 폭탄이 떨어진 듯한 충격이 있었다. 옆집의 2층 지붕이 통째로 날아와 우리 집 2층을 내리쳤다. 1층 거실에 있지 않았다면 누군가 죽었을지도 모른다(29세 여성. 아들 4세, 딸 1세).

전봇대가 부러져서 지붕에 날아와 박혔다

👤 엄청난 비와 바람으로 집 밖으로 나갈 수 없었다. 그런데 집 앞이 물에 잠겨서 어찌할 바를 몰랐다(44세 여성. 딸 9세, 아들 5세).

엄청난 비와 바람으로 마루가 침수됐다. 공포 그 자체였다

👤 밖으로 나가면 물건이 날아다니고 차를 운전하는 것도 위험해서 집에서 대기했지만 옳은 판단이지 몰라 갈팡질팡했다(32세 남성. 딸 4세).

대피하고 싶어도 대피할 수 없었다

지하철 안에서 15시간 갇혀 있었다

👤 퇴근길 선로에 눈이 쌓여 오도 가도 못하는 상황이라 지하철 안에서 하룻밤을 새웠다. 사람들이 번갈아 가면서 자리에 앉았다 섰다 하면서 함께 이겨냈다. 식수를 나눠줬지만 모두 배가 고파서 견디기 힘들어했다(40세 남성. 아들 5개월).

👤 정체로 인해 차 안에서 오도 가도 못했다. 폭설이 내리는 가운데 꼼짝도 할 수 없었고 기름이 떨어질까 봐 조마조마했다(30세 여성. 딸 4세).

2층 창문까지 눈에 파묻혀 집에서 나갈 수가 없었다

재해로부터 아이를 보호하는 방법

> 👤 같은 방에 있었는데, 아이를 껴안을 수조차 없었다. 방이 크게 흔들리는 바람에 굴러가며 울부짖는 딸아이를 보며 기어가는 것 외에 아무것도 할 수 없었다. 큰 지진 앞에서 내가 얼마나 무력한지를 실감했다(동일본 대지진 | 24세 여성, 딸 2세).

아이를 지키기 위해서 중요한 것은 우선 어른이 무사해야 한다. 아이와 함께 살아남기 위해!

방재센터 등의 시설에서는 진도 7의 지진을 체험할 수 있다[*]. 실제로 어느 정도 흔들리는지, 그리고 무엇을 할 수 있는지 체험해 보면 진도 7의 지진에서는 흔들림이 진정될 때까지 거의 아무것도 할 수 없는 것을 알 수 있다.

다만, 스마트폰에 긴급 호출 앱을 깔아두면 흔들림이 오기까지 몇 초간에 조리 중인 불을 끄고 아이를 껴안는 것은 가능하다. 몇 초 후에 닥칠 흔들림에 대비하여 조명이나 가구 등 떨어지거나 쓰러질 위험이 없는 장소나 테이블 밑으로 이동하여 아이와 마주 앉은 상태로, 아이의 머리를 어른의 배로 감싸듯 껴안은 자세로 아이를 지켜준다.

이때 잊지 말아야 할 것은 어른도 자신의 몸을 지켜야 한다는 것. 다른 방에 아이가 있는 경우에도 우선 자신의 안전을 확보하는 것이 우선이다. 집 안에 있을 때 재해를 입는 상황을 감안하여 평소 놀이의 연장으로 아이와 함께 몸을 지키는 연습을 해보자.

---

[*] 우리나라의 경우 서울시 소방재난본부 및 각 시도에서 운영하는 시설에서 지진 체험이 가능하다.

☑ 걸을 수 있는 아이도 안고 대피한다

대지진 후에는 유리 조각이나 기와 조각이 널려 있기 때문에 어린아이가 걸어서 대피하는 것은 위험하다. 인파에 휩쓸려 잡은 손을 놓칠 수도 있으니 어린아이는 안고 대피하도록 하자. 아이에게 신발은 꼭 신겨둔다.

☑ 유모차로 대피하지 않는다

재해 시에 유모차로 대피하는 것은 어렵다. 지진이 일어났을 때는 기와 조각들이 널려 있고, 폭우로 도로가 물에 잠긴다. 태풍일 때는 바람에 물건이 날아오기도 한다. 또한 실내에서는 계단이 붐빈다. 만일에 대비해 유모차 안에 아기띠 하나를 넣어 두면 좋다.

☑ 놓쳤을 때를 대비한다

외출을 했다가 재해를 당했을 때는 아이를 놓치지 않도록 해야 한다. 이것은 아이와 함께 대피할 때 대전제가 되는 사항이지만, 만에 하나 아이가 혼자 남겨진 때를 대비해서 안전을 확보할 필요가 있다. 아이가 평소 들고 다니는 가방 안에 이름이나 나이, 연락처, 알레르기 유무를 적은 신상카드나 모자(母子)수첩 사본, 의료보험증 사본 등을 넣어두면 안심이다. 또한 헤어진 가족을 찾을 때는 가족사진이 유용하기 때문에 스마트폰이 있으면 저장해 놓은 사진을 활용한다.

> 👤 백화점에서 지진이 일어나서 허둥대며 대피하다가 혼란 속에서 아이를 놓쳐 당황했다(동일본 대지진 | 32세 남성. 딸 7세).

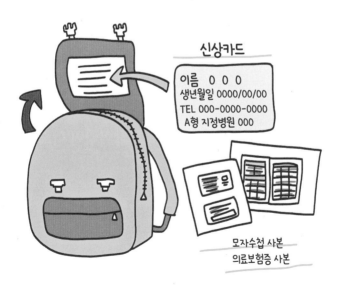

신상카드

이름 ０００
생년월일 0000/00/00
TEL 000-0000-0000
A형 지정병원 000

모자수첩 사본
의료보험증 사본

대피할 타이밍을 생각한다

👤 잠을 자는 동안 침수되는 게 무서워서 대피소로 가려고 했지만, 도로가 어떤 상태인지 몰라 무섭기도 해서 대피를 포기했다(2018년 7월 폭우 | 40세 남성. 딸 10세).

👤 대피할까 말까 망설이는 순간 갑자기 비바람이 강해져서 대피소로 향하는 것이 위험하다고 판단했다. 집 2층에 가족 모두 모여 보냈지만 불안해서 잠을 잘 수가 없었다(2017년 규슈 북부 폭우 | 43세 여성. 아들 9세).

👤 대피 권고가 발령되기 전이니 괜찮을 거라고 생각했는데 순식간에 침수되었다(2018년 7월 폭우 | 48세 남성. 딸 12세).

👤 쓰나미를 피하려고 산으로 향했지만 늦었다고 판단하고 인근 빌딩으로 들어가서 8층까지 뛰어 올라가 살았다(동일본 대지진 | 45세 남성. 딸 6세).

우리집은 바다와 가까워!! 고지대로 가자!!

쓰나미 주의보? 괜찮겠지~

재해 종류와 규모에 따라 대피 타이밍이 다르다

방재 매뉴얼에는 기본적인 대피 방법이 적혀 있지만 막상 재해가 닥치면 재해 종류와 규모, 상황에 따라 대피할 시기와 장소는 달라진다. 그리고 신변의 위험을 느끼고 나서 대피하는 것은 너무 늦다. 우선 자신이 어떤 상태에 있는지를 냉정하게 판단할 수 있어야 한다.

판단 기준은 정확한 정보이다. 공식적인 뉴스나 방재 라디오, 대피 정보를 놓치지 않도록 하고, 경보가 울리면 빨리 행동하도록 유념하자.

☑ 사전에 대피 시기를 검토

방재 강좌 참석자들로부터 언제 대피해야 할지 모르겠다는 말을 자주 듣는다. 재해 시에는 냉정한 판단이 불가능한 경우도 많기 때문에 '이러 이러한 경우에는 즉시 대피하자'는 규칙을 가족끼리 미리 정해놓는 것도 좋다.

☑ 임기응변으로 판단할 수 있어야

도심의 게릴라성 폭우나 굵은 우박, 태풍의 직격, 장마전선의 정체에 따른 장맛비 등 지진뿐만 아니라 근래의 자연재해는 예상을 빗나가는 경우가 많다. 매뉴얼에 너무 의존하지 말고 재해 종류나 최근의 재해 양상에 대하여 배워두자.

☑ 대피 지시를 놓치지 않기

대피 정보가 발신되었다면 조속하게 대피해야 한다. 대피 정보에는 자치단체에서 발령된 것과 기상청에서 발신된 것이 있다. 기상청에서 발신된 정보는 주의보→경보→특별경보의 순서로 위험도가 높아진다. 자치단체에서 발령되는 대피 정보는 대피 준비·고령자 등 대피 개시→대피 권고→대피 지시(긴급)의 순서대로 위험도가 높아진다.

> 👤 대피하라는 방송이 나오는데도 '아직 괜찮겠지' 하고 생각하는 사이에 바닥이 침수되어 대피하지 못하게 됐다. 2층에 가족들이 모여서 지냈지만 너무 무서웠다(2018년 7월 폭우 | 35세 여성, 아들 5세).

단계적으로 나오는 주요 방재 기상 정보와 대피 행동 예 [많은 비의 경우] 일본 내각부 자료에서

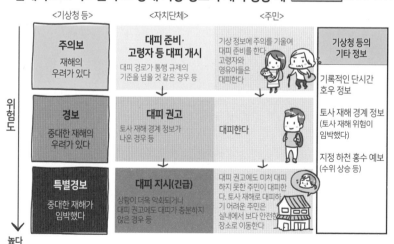

	<기상청 등>	<자치단체>	<주민>	
위험도 낮다 ↕ 높다 ↓	**주의보** 재해의 우려가 있다	**대피 준비·고령자 등 대피 개시** 대피 경로가 통행 규제의 기준을 넘을 것 같은 경우 등	기상 정보에 주의를 기울여 대피 준비를 한다. 고령자와 영유아들은 대피한다	**기상청 등의 기타 정보** 기록적인 단시간 호우 정보
	경보 중대한 재해의 우려가 있다	**대피 권고** 토사 재해 경계 정보가 나온 경우 등	대피한다	토사 재해 경계 정보 (토사 재해 위험이 임박했다) 지정 하천 홍수 예보 (수위 상승 등)
	특별경보 중대한 재해가 임박했다	**대피 지시(긴급)** 상황이 더욱 악화되거나 대피 권고에도 대피가 충분하지 않은 경우 등	대피 권고에도 미처 대피하지 못한 주민이 대피한다. 토사 재해로 대피하기 어려운 주민은 실내에서 보다 안전한 장소로 이동한다	

이것만은 하지 말자!!

👤 할아버지가 밭을 보러 가겠다고 우기시는 걸 온 가족이 단호하게 반대해서 겨우 대피소로 모시고 갔다. 후에 많은 사람이 다쳤다는 소식을 듣고 소름이 돋았다 (2018년 7월 폭우 | 33세 남성. 아들 5세, 딸 2세).

👤 쓰나미가 다가오고 있는데 아버지가 앨범을 찾으러 간다며 집으로 가 버리셨다. 하마터면 쓰나미에 당할 뻔했다(동일본 대지진 | 38세 여성. 딸 7세).

👤 바다 옆 길가에서 태풍이 다가오는 모습을 촬영하고 있는 부모와 아이가 너무 위험해 보였다(태풍 | 25세. 임산부).

재해 현장을 구경하거나 스마트폰 촬영은 절대 금지!! 생명이 위험한 상황에 처할 수도!!

동영상 공유 사이트에 재해 당시의 상황을 촬영해서 올리는 사람들이 늘었지만, 그중에는 상당히 위험한 상황도 있다. 강이나 해안, 논이나 밭이 어떤지를 살피러 갔다가 급류에 휩쓸리는 사람도 심심찮게 있다.

재해에 대한 공포심을 인식하고 평소에 대비하는 사람도 많은 한편 '나는 괜찮겠지'라고 과신하는 사람도 많으리라 생각한다.

또한 대피해야 할 때 다른 일에 신경 쓰고 있으면 올바른 판단력을 잃고 결국 목숨까지 잃을 수도 있다. 재해 시에는 예상치 못한 일이 많이 일어난다. 그런 상황에서는 조심 또 조심해서 생명이 위험한 상황에 놓이지 않게 해야 한다.

☑ 중요한 서류나 사진은 클라우드에

동일본 대지진이 일어났을 때 소중한 사진이나 서류를 가지러 집으로 돌아가서 쓰나미에 휩쓸린 사람이 꽤 있었다. 위급한 상황에서 '지금이라면 가지고 나올 수도 있겠다'는 아쉬운 마음이 들지 않도록 오래된 사진은 디지털화하고 서류 등도 데이터화해서 클라우드에 저장해 둔다.

☑ 재해 현장을 구경하거나 촬영하지 말고 도망쳐야 한다

재해가 일어나면 '설마 내가 그런 일을 당하겠어'라는 생각은 사실 인간의 정상적인 반응이기도 하다. 왜냐하면 사람은 위험에 너무 민감해지면 일상생활을 할 수 없기 때문에 위험에 대해 어느 정도 둔감해지고 나는 괜찮을 거라는 생각을 가지는 성향이 있기 때문이다. 큰 재해를 당하고 머지않아 일상으로 돌아와서는 재해에 대비하는 것을 잊어버리는 것도 그 작용에 의한 것이라고 할 수 있다. 그러나 자신의 신상에 위험이 다가오고 있는 상황에서 잘못된 정보를 접하면 생명을 잃을 수도 있다. 특히 재해 현장을 구경하거나 위험한 장소에서 동영상을 촬영하는 것은 위험하다. 또한 방재 대책의 일환으로 평소 아이에게 위험한 장소에는 절대 가지 않도록 확실히 이야기해 둔다.

가족이 모여있지 않은 상황에서 대비해야 한다면

👤 일단 집에 돌아왔다가 나간 아이가 어디로 놀러갔는지 몰라 집에서 기다릴 수밖에 없어서 너무 불안했다(동일본 대지진 | 35세 여성. 아들 8세).

👤 도심에 있는 빌딩의 40층에 있는데 지진이 났다. 엘리베이터가 멈춰 계단으로 지상까지 내려왔다. 빌딩 안에는 노인과 임산부도 있었는데 많이 힘들었을 것이다(동일본 대지진 | 41세 여성. 딸 10세, 아들 8세)

어른도 아이도 자신의 몸은
자신이 지킨다.
그 방법을 아이에게
가르치는 것이 중요하다

언제 어디서 재해가 일어날지 아무도 모른다. 특히 지진은 갑자기 닥친다. 다행히 가족이 함께 집 안에 있을 때 재해가 일어나면 서로의 안부를 알 수 있다. 하지만 낮에 각자의 직장, 학교, 거래처에 있다가 재해가 일어나면 서로의 상황을 전혀 알 수 없어서 패닉에 빠지는 사람도 있다.

무엇보다 중요한 것은 부모도 자식도 살아남는 것이다. 큰 지진이 일어난 경우는 같은 집에 있다고 해도 아이가 있는 장소까지 가는 것조차 힘들기 때문에 아이 스스로 자신의 몸을 지킬 수 있도록 집에서는 방마다. 외출 시에도 여러 장소에서 시뮬레이션 해 둔다. 아기인 경우는 재울 수 있는 장소나 집 안의 안전을 확보하는 것이 중요하다.

폭설이나 태풍과 같이 일기예보를 통해 예측 가능한 재해라도 '괜찮겠지' 하고 안이하게 생각하지 말고 불필요한 외출은 삼간다.

☑ 공벌레 자세를 기억한다

아이에게 재해 시에 몸을 지키는 공벌레 자세를 가르치자. 머리를 두 손으로 감싸고 동그랗게 몸을 만다. 만약 혼자일 때 지진이 나더라도 자연스럽게 이 자세를 취할 수 있을 정도로 놀이를 하면서 반복해서 연습해 둔다.

☑ 아이의 행선지를 확인한다

아이가 자주 놀러 가는 친구의 집을 확인해 둔다. 요즘은 방재 용품의 일환으로 키즈 휴대폰을 활용하고 있는 엄마 아빠도 있다. 아이가 먼 곳에 대중교통으로 통학하고 있는 경우 등 필요에 따라 고려해 보자.

☑ 혼자서 대응할 수 있도록 연습한다

아이와 따로 떨어져 있을 때 아이 혼자서도 대응할 요령이 있는지 없는지에 따라 생존 가능성이 다르다. 평소 혼자서 간단한 심부름이나 역할 분담을 해낼 수 있도록 훈련시키고, 여행지에서 길을 잃어버린 경우는 숙소 사람이나 파출소 등 어디 어디에 물어보면 엄마 아빠를 만날 수 있는지 시뮬레이션을 해 두자.

> 👤 대피소 안에서 아이를 잃어버렸는데 자원봉사자에게 물어서 울지도 않고 돌아와 의젓함을 느꼈다(동일본 대지진 | 32세 여성. 아들 5세).

> 👤 학교에서 돌아와 홀로 집에 있던 아이가 테이블 아래에 들어가 위험하지 않을 때까지 기다리고 있었다. 평소 방재 훈련을 한 덕분이라고 생각한다(동일본 대지진 | 36세 여성. 아들 7세).

지하철, 엘리베이터 안에서 재해를 입는다면?

폐쇄적인 공간에서 재해를 당하면 패닉 상태에 빠진다. 우선은 침착하게 대피할 것!

집 안에 있을 때 일어나는 재해에는 나름 만반의 준비가 돼 있다고 해도 언제 어디서 재해가 발생할지 알 수 없다. 자주 가는 장소에서는 만일에 대비해 태풍이나 폭우, 눈이 올 때는 각별히 주의하되 무리한 외출은 자제한다. 외출한 곳에서 지진이 일어나면, 장소에 따라 적절한 대피 요령이 필요하다. 백화점 등에서는 방재 훈련을 받은 직원의 지시에 따라 대피한다. 지하철이나 엘리베이터 등 폐쇄된 공간에서 재해에 닥치면 매우 혼란스럽다. 아이를 동반했다면 인파에 휩쓸려 다치지 않도록 아이의 상태를 확인하면서 안전하게 대피하도록 한다.

☑ 역이나 지하철에서는 아기띠를 사용한다

유모차에서 아이를 내리고 아기띠나 포대기를 사용한다. 지하에 플랫폼이 있는 경우는 다들 지상으로 나오려고 몰려서 출입구가 혼잡하기 때문에 인파와 아이의 상황에 충분히 주의하면서 당황하지 말고 지상으로 향한다.

☑ 대피할 때는 엘리베이터를 이용하지 않는다

엘리베이터가 가동해도 갇힐 위험이 있기 때문에 계단을 이용해서 대피한다. 엘리베이터 안에 있을 때 재해를 당하면 모든 층의 버튼을 누르고 멈춘 층에서 내린다. 갇히면 비상 버튼을 누르고 구조를 요청한다.

여행지에서 재해를 입는다면?

👤 출장지에서 호텔에 머물던 중 지진이 일어났다. 처음 방문한 현지에서 대피소가 어디에 있는지, 아무것도 몰라 혼란스러웠는데 고지대라서 쓰나미는 괜찮다는 호텔 관계자의 말 덕분에 방에서 안정을 취하고 라디오로 정보를 들었다(동일본대지진 | 36세 남성. 아들 2세).

낯선 현지에서의 재해. 당황하지 말고 직원의 지시에 따라 대피한다

낯선 장소에서 재해를 당했을 때는 무턱대고 움직이지 말고 숙소 직원이나 현지 사람, 라디오나 인터넷 정보를 잘 듣고 대피 방법을 생각해본다.

출장이나 여행을 자주 하는 사람은 사전에 그 지역에서 재해가 일어났을 때에 대비한 시뮬레이션을 해보고 대피 장소나 가족에게 연락하는 방법 등을 확인해 둔다.

☑ 상비약은 반드시 지참한다

여행이나 출장을 떠날 때는 평소에 복용하고 있는 약을 충분히 가져가면 좋다. 또한 재해가 일어났을 때는 현금이 편리하다. 휴대폰은 충전기를 꼭 챙기고 가능할 때마다 충전을 해 둔다. 공중전화를 사용할 때를 대비해 동전도 준비한다.

☑ 해외에서 재해를 입었다면 대사관으로 간다

해외여행을 떠나기 전에 여행지 국가의 자국 대사관 위치를 확인하고 물과 음식을 챙긴다. 인터넷 회선은 재해 바로 직후에는 그나마 사용할 수 있으니 가족에게 연락을 취하고 SNS 등을 통해 안부를 알린다. 공공기관에서 정확한 정보를 얻도록 한다.

산, 강, 바다에서 재해를 입는다면?

👤 강가에서 놀던 중 집중호우로 갑자기 강물이 불어났다. 강물 속에서 놀고 있었더라면 위험천만할 뻔한 상황이었다(41세 남성. 아들 7세, 딸 5세).

자연 기후는 수시로 변한다. 상황에 맞게 무리하지 말고 신속하게 대피한다

여름철 휴가를 맞아 강가나 계곡에 텐트를 친 가족 단위 행락객이 폭우로 갑작스럽게 불어난 물에 휩쓸려 사망하는 사고가 끊이지 않는다. 야외에서 하는 레저에서 '이 정도는 괜찮겠지'는 위험천만한 생각이다. 특히 아이가 있는 경우라면 대피할 시간적 여유가 더 필요하다. 또한 산에서는 갑작스런 폭우로 인한 토사 붕괴 위험이 도사리고 있다. 높지 않은 산이라도 충분한 장비를 갖추도록 하자.

☑ 강 주변에서는 텐트를 치지 않는다

아웃도어 레저 자체가 방재 훈련이 될 수도 있지만, 세심한 주의가 필요하다. 특히 강가에서 캠프를 하는 경우 강 가운데 모래톱에 텐트를 치는 것은 금물이다. 상류나 산 위의 날씨 변화에 수시로 신경을 쓰고 아이에게서는 한시도 눈을 떼서는 안 된다.

☑ 해변에서는 높은 곳으로 빠르게 대피하는 것이 원칙

지진이 잠잠해졌다 싶으면 이미 5분 이상 경과한 시점이다. 쓰나미 정보가 없더라도 바다에서 수영을 하다가 지진이 발생하면 10미터 이상 파도가 친다. 가능한 한 튼튼한 건물이나 산으로 대피한다. 물론 날씨가 나쁠 때는 바다 수영은 피하는 것이 좋다.

미용실이나 피부 관리실에서 재해를 입는다면?

👤 미용실에서 파마를 하는 중에 지진이 일어나서 파마약이 묻은 채 수건을 두르고 황급히 집으로 돌아왔다. 진정될 무렵 미용사가 약을 씻어내기 위해 끓인 물을 들고 와주었다(동일본 대지진 | 29세 여성. 아들 5세).

지진은 언제 올지 알 수 없다. 일상 속 상황별로 재해를 상정해 둔다

미용실의 방재도 예외가 아니어서 만일에 대비한 대응 방법과 약제 씻는 방법 등을 검토하고 있는 미용실이 늘어나고 있다. 위급 시에 대피를 우선한다고 해서 파마약을 그대로 둘 수는 없다. 집에 충분하게 비축한 물과 휴대용 가스버너가 있다면 단수나 정전이 돼도 물을 끓여서 약을 씻어낼 수 있다.

☑ 시설의 피난 경로를 확인해 둔다

비상구 등을 미리 확인해 두자. 거울이나 유리 등이 떨어져서 깨질 가능성이 있기 때문에 세면기 등으로 머리를 보호한다. 급한 나머지 목욕타올만 걸치고 뛰쳐나오는 것은 위험하다. 우선 침착하게 옷을 갈아입고 나서 행동한다.

☑ 이럴 때는 어떻게 해야 할지 생각해 본다

피부 미용 시술 중. 병원 입원 중. 치과 치료 중 등. 무방비 상태로 있는 상황이나 도망가는 데 시간이 걸리는 장소는 많이 있다. 자신이 자주 가는 장소에서 재해를 입었을 때 어떻게 대응할지 담당자에게 물어둔다.

하교 중인 아이의 안부를 알 수 없다

맞벌이를 하는 남편과 함께 센다이의 직장에서 각각 재해를 입었다. 큰 흔들림이 있은 직후 바로 머리에 떠오른 것은 초등

> 👤 아직 학교인지, 귀가 중인지, 아니면 놀러 갔는지. 아이가 있는 곳을 전혀 알 수 없어 패닉이 되었다(41세 여성. 아들 12세, 딸 10세).

학생 아들과 딸의 안부였다. 14시 46분이면 하교 중이거나 친구 집에 놀러 갈 시간이다. 급히 남편에게 전화했는데 연결되지 않았다. 집에도, 학교도 연락이 안 되고 30분 정도 지나 겨우 남편과 전화가 연결되어 서로의 안전을 확인했다. 남편도 아이들이 궁금해서 '아이들은 어떻게 하고 있을까?, 학교에서는 어떻게 대응하고 있을까?' 물어봤지만 아무 대답도 못 하고 패닉에 빠졌다.

혹시나 하는 생각에, 일을 하지 않는 엄마라면 집에 있으니까 상황을 알고 있을 거라고 생각해서 아이 친구 엄마에게 전화를 했다. 겨우 연결되자 지금 막 우리 아이도 함께 집단하교했을 거라고 말하는 아이 친구 엄마. 우리 아이의 상태를 보러 가 달라고 부탁하려고 했는데, 거기서 전화가 끊겨 버리고 말았다. 어쨌든 아이가 무사한 것만은 확인할 수 있었다.

센다이 시내는 전철이나 버스도 모두 운행 정지됐고, 직장에서 집으로 돌아가는 다리는 쓰나미 때문에 통행금지 상태였다. 차로 통근하고 있어서 남편을 태워 함께 집으로 돌아가기로 했는데, 시내는 신호등이 모두 고장나서 극심한 정체였다. 귀가까지 몇 시간이 걸릴지 모르는 상태였다. 아무튼 사무실에서 나와 차로 남편 직장으로 가서 합류한 것은 오후 7시가 지나서였다. 집으로 돌아간 것은 그로부터 1시간 후. 귀가 직전에 아이 친구 엄마로부터

아이들은 우리가 맡고 있으니까 안심하고 돌아오라는 전화를 받았다. 지진이 발생하고 나서 처음으로 아이들의 건강한 목소리를 들을 수 있어 안심한 나머지 남편과 함께 차 안에서 껴안고 통곡했다.

　귀가 후 아이들 이야기에 따르면 집에 확실하게 부모가 있는 아이는 개별 하교하고, 부모가 없는 아이들은 학교에서 대기라고 했다는 것이다. 당일 내가 휴가라고 생각한 아이들은 단체로 담당 선생님과 함께 집으로 왔다가 내가 집에 없는 것을 알고 선생님과 학교로 되돌아가려는 순간 내 전화를 받은 아이 친구 엄마가 달려가 우리가 돌아올 때까지 그 친구 집에서 지내고 있었다.

　또한 대부분의 주변 학교들은 부모가 데리러 올 때까지 학교에서 대기하고 있었고, 부모가 데리러 오지 못해 학교에 머물던 아이들도 많았다고 한다. 자가발전이 없는 학교에서는 어둠 속에서 먹을 것도 없이 불안했을 것이다. 한편 따뜻한 집 안에서 촛불을 켜놓고 친구와 즐겁게 트럼프를 하며 기다릴 수 있었던 내 아이들은 행운이었다.

　아이들에게 '만약 지진이나 태풍 등 재해가 일어나고, 엄마 아빠가 돌아오지 못하는 상황에서 연락이 되지 않을 때는 OO네 집에 가서 기다려'라고 평소부터 말해 놓아야 했다고 생각했다. 그러면 나 자신도 덜 불안해서 침착하게 행동할 수 있을 것이다. 유사시 대응 방법을 가족과 논의하는 것의 중요성을 통감했다.

하마터면 어린이집이 쓰나미에 당할 뻔했다

　　　　큰 흔들림이 엄습했을 때 나는 상업시설에서 근무 중이었다. 평소 방재 교육이나 재해 시를 상정한 훈련을 받고 있었기 때문에 침착

> 👤 어린이집이 해변에 위치해 있는데 아이들이 마당에 나와 일렬로 서 있었다. 자칫 아이도 부모도 쓰나미에 휩쓸릴 뻔한 아찔한 상황이었다(32세 여성. 딸 2세).

하게 시설에 있던 사람들을 대피소로 유도했다. 모두의 안전을 확인한 후에 아이를 맡긴 어린이집으로 서둘러 갔다.

　　　　딸이 다니는 어린이집은 해변 근처여서 쓰나미가 걱정되는 지역이었다. 이미 고지대로 대피시켰겠지 생각하면서도 전화가 안 돼서 불안한 마음을 안고 어린이집으로 향했다.

　　　　어린이집에 도착해 아이들과 선생님이 마당에 나와 부모를 기다리고 있는 모습을 보고 안도의 한숨을 쉬었다. 내가 지나치게 걱정했구나 안도하며 가슴을 쓸어내리는 찰나 남자 보호자의 '뭐하고 있는 거야! 쓰나미가 온다! 모두 지금 당장 대피해!'라는 외침이 들렸고 그때서야 나도 정신을 차렸다. 서둘러 딸 아이와 아직 부모가 데리러 오지 않은 아이를 태우고 정신없이 고지대로 차를 몰았다. 잠시 후 어린이집 마당으로 쓰나미가 밀어닥쳤다. 다행히 모두 무사했지만 지금 생각해도 떨린다.

　　　　이번 일로 '다른 사람도 대피하지 않으니 괜찮아'가 아니라 위험하다고 느꼈다면 빨리 대피하는 것이 중요하다는 사실을 새삼 깨닫게 됐다. 또한 어린이집과도 평소 재해 시의 대응을 확인하거나 보호자끼리 논의할 필요도 있다는 생각을 했다.

지진
동일본 대지진

쓰나미를 향해 차를 몰고 있었다

흔들림이 가라앉고 나서 바로 아이를 데리러 차에 올라 탔다. 바다 쪽에서 도망쳐 빠져 나오는 차들로 인해 반대 차선에는 차가

> 👤 아이를 걱정한 나머지 해안을 향해 차를 몰았다. 하마터면 목숨을 잃을 뻔했다(28세 여성. 아들 5세, 딸 3세).

넘쳐났다. 라디오에서는 쓰나미 경고가 쉴 새 없이 흘러나왔다. 핸들을 쥔 손이 떨렸다. 어린이집으로 향하는 길이 통행 금지되어 경찰이 만류하는 바람에 되돌아갈 수밖에 없었다. 어린이집에서 아이들을 고지대로 대피시켰기를 바라며 기도할 뿐이었다. 신혼집도 위험하다는 이유로 시댁에서 머물렀다. 아이가 걱정돼서 남편과 불안한 마음에 잠 못 이룬 밤을 보냈고, 쓰나미 장면은 무서워서 볼 엄두도 안 났다.

다음 날 아침, 쓰나미의 흔적이 생생하게 남은 가운데 남편과 함께 차를 타고 우여곡절 끝에 어린이집에 도착하자 아이들이 달려와 안겼다. 아이를 꼭 껴안으니 그제야 마음이 놓여 통곡했다. 어린이집은 고지대에 있었고 선생님이 원아 전원을 밤새 돌봐줬다. 만약 그때 경찰관의 만류를 뿌리치고 어린이집을 향해 차를 몰았다면 쓰나미를 향해 정면 돌진하는 상황이었음을 뒤늦게서야 알게 됐다. 어쩌면 아이를 데리러 갔다가 돌아오는 길에 쓰나미에 휩쓸렸을 수도 있었다. 아주 잠깐의 판단 실수로 가족이 목숨을 잃었을 수도 있다고 생각하니 두려움이 가시질 않았다. 집은 쓰나미에 휩쓸렸지만 가족 모두가 무사한 것만으로도 행운이었다.

만삭의 몸으로 재해를 당해 불안했다

출산을 앞두고 있던 나는 항구 바로 옆에 있는 친정에서 지내던 중이었다. 갑작스러운 지진으로 당황한 우리에게 바다의 무서움에

> 👤 만삭 때 닥친 지진으로 고향이 순식간에 사라졌다. 어찌해야 할지 몰라서 심신이 불안정했다. 출산이 갑자기 무섭게 느껴졌다(30세 임산부).

대해 익히 잘 아는 전직 어부였던 할아버지의 서둘러 도망쳐야 한다는 말을 듣고 바로 차를 몰아 고지대에 위치한 초등학교로 대피시켰다. 친정에서 떨어진 장소에서 일하던 남편의 안부를 알 수 없어 걱정됐다. 바다에서 떨어진 장소에 있으니 괜찮을 거라고 믿는 수밖에 없었다.

다음날 새벽에 나와 엄마는 쓰나미에 휩쓸린 집을 보러 갔다. 고지대에서 내려다본 내 고향은 흔적도 없이 떠내려가고 있었다. 친정이 있던 장소에 큰 어선이 떡하니 버티고 있는 모습을 보고 돌아갈 곳이 없음을 실감하면서 대피소가 있는 초등학교로 돌아왔다. 대피소에는 남편이 무사히 와 있어서 반가운 마음으로 재회했다. 퇴근 시간에 도로가 통행 금지되어 귀가하지 못하고 회사 주차장에서 하룻밤을 보냈다. 오는 길에 보니 차로는 제대로 지나갈 수 없을 만큼 도로 상태가 심각했고 도중에 시체도 많았다고 한다. 가족 모두가 엄청난 충격을 받았지만, 만삭이었던 나의 가장 큰 불안은 무사히 출산할 수 있을지, 병원은 재해를 입지 않았을지였다. 그토록 기다리던 출산이 무섭게 느껴졌다. 그런 상황에서도 피해 때문에 수술 장비가 제대로 갖춰지지 않은 병원에서 예정일대로 출산했다. 무엇보다 순산을 해서 다행이었다. 이 아이의 얼굴을 볼 수 있었던 것은 할아버지의 신속한 판단이 있었기에 가능했다. 가족 모두 살아남은 것은 평소 재해에 대비한 덕분이라고 새삼 느꼈다.

여진이 계속되는 가운데 출산했다

동일본 대지진으로 피해를 입은 것은 임신 10개월 때다. 아이가 언제 태어나도 이상하지 않은 상황이었다. 친정엄마는 아프고 시댁

> 👤 비상용 전원을 이용하여 여진이 계속되는 가운데 출산했다. 침대가 흔들리고 어두워서 무서웠다(35세 임산부).

도 멀기 때문에 정부의 산후 도우미 서비스나 산후 도우미 업체를 이용하려던 참이었다. 지진이 난 후 바로 병원에 전화했더니 산기가 있으면 바로 병원으로 오라고 했다. 비상용 전기와 수도가 가동을 하니 괜찮다는 말을 들어도 불안감을 떨칠 수 없었다. 재해가 있고 1주일 후에 산기가 느껴져 병원으로 갔다. 병원 안은 비상용 전원을 사용하다 보니 어두컴컴하고 찬물이든 뜨거운 물이든 아주 조금밖에 나오지 않았다. 이런 상황에서 과연 무사히 출산할 수 있을까 하는 불안한 마음에 눈물이 멈추지 않았다.

그런 와중에도 병원이 일단 무사하다는 것, 잘 알고 있는 의사와 간호사가 옆에 있어준 것, 마찬가지로 입원한 다른 임산부들의 격려가 위로가 되어 긍정적인 마음을 되찾을 수 있었다.

여진이 계속되는 터라 침대와 건물이 흔들리는 가운데 출산했다. 다행이도 순산을 했지만 귀가 후가 힘들었다. 단수로 물을 구하기 힘들었고 가스가 차단돼서 물을 끓일 수 없을 뿐 아니라 물건을 사러 가는 것조차 불가능한 상황에서 한밤중에 수유를 하고 지진으로 엉망이 된 방 정리를 해야 했다.

아파트 고층의 흔들림이 엄청났다

땅이 크게 울린 다음 순간 큰 흔들림이 왔다. 아! 지진이라고 생각한 순간 아들이 있는 옆방으로 달려가 바로 안았는데, 흔들림이 격

> 👤 아파트 11층. 격렬한 흔들림에 죽음을 각오했다. 아들이 있는 방을 향해 머리를 감싸고 기어 갔다(25세 여성. 아들 10개월).

해지고 아파트가 심하게 흔들려서 아들을 안은 채 방구석으로 나가 떨어졌다. 그대로 방 안에서 흔들림에 따라 이리저리 구르면서 아들을 꽉 껴안고 머리를 보호하는 것이 고작 할 수 있는 전부였다.

방 전체가 더 흔들리고 급기야 견고한 목제 침대의 다리가 부러지면서 문을 뚫었다. 온갖 물건이 선반에서 떨어지고 가전제품도 흉기처럼 날아왔다. 무거운 가구가 방을 가로질러 돌아다니고, 천장 조명도 좌우로 흔들려서 천장에 부딪힐 것만 같았다.

죽을지도 모른다는 생각이 들었다. 아들만은 살려야 한다는 생각과 동시에 그래도 아들만 남겨놓을 수는 없다, 고통스럽게 죽게 하고 싶지 않다는 생각이 한순간에 교차했다. 흔들림이 가라앉고 나서 다음 여진이 올 때까지 도망쳐야 한다는 생각에 입고 있던 옷 그대로 계단을 뛰어 내려가 바깥으로 나오자 이웃 사람이 말을 걸어주었다. 잠시 이웃에게 아들을 맡기고 방한용품을 챙겨 나와 남편이 출장에서 돌아올 때까지 같은 아파트 2층의 아이 친구네 집에서 4가구가 모여서 지냈다. 아파트 고층의 흔들림이 얼마나 무서운지 절실히 느꼈다. 또 같은 아파트 안에 부탁할 수 있는 사람이 있다는 것이 얼마나 소중한지 깨달았다.

남편이 입원 중인 딸을 만날 수 없었다

대지진이 일어난 날, 우리 가족은 딸아이가 입원해 있던 병원에 있었다. 시어머니가 병문안을 오셔서 남편과 아들이 마중하러 나갔다. 그때 큰 흔들림이 있었다. 딸아

> 👤 같은 건물에 있는데도 가족과 만날 수 없었다. 서로의 얼굴을 보고 안도의 한숨을 내쉰 것은 1주일 뒤였다(32세 여성. 아들 3세, 딸 1세).

이가 있던 병실에는 딸 말고도 3명의 아이들이 입원해 있었다. 흔들림이 진정되자마자 딸아이가 무사한 것을 확인하고 당황한 아이들에게 말을 걸었다.

휴대전화가 끊기기 전에 무사하다는 사실만이라도 전하려고 남편과 다른 지역에 사는 친정으로 문자를 보냈다. 남편과 시어머니로부터도 문자를 받고 가족 모두가 안전하다는 것을 확인할 수 있었다. 불안한 마음으로 있었는데 의사와 간호사가 회진하러 왔다. 남편과 아들, 시어머니가 로비에 있다고 알게 된 것은 남편이 간호사에게 건넨 메모를 통해서였다. 아무래도 병원이 외부인의 출입을 제한하고 있어서 병실까지 올라오지 못한 거 같았다. 그날 밤, 같은 건물에 있음에도 불구하고 남편은 로비에서 담요를 빌려 하룻밤을 보내고 나는 딸아이와 보냈다. 다음 날 남편과 가족은 일단 집으로 돌아갔지만, 휘발유가 부족한 탓도 있고 해서 한동안 병원에 오지 못해 그로부터 1주일 뒤에나 서로의 얼굴을 보고 안심할 수 있었다.

재해증명서와
이재증명서

공적·민간 지원을 받으려면
재해증명서·이재증명서를
신청하자

　　　　지진이나 태풍, 쓰나미 등의 천재지변으로 주거지가 피해를 입었을 때는 자치단체의 창구에서 재해증명서나 이재증명서를 발급받는다.

재해증명서는 재해를 입은 것을 증명하는 서류로 신청 당일에 발급받을 수 있으며, 손해보험 신청 등에 필요하다.

이재증명서는 주택의 손해 정도를 증명하는 것으로 신청하면 전문가가 현황 조사를 하러 나온다. 이재증명서가 있으면 세금이나 국민건강보험료 감면과 같은 공적 지원을 받을 수 있으며, 이재민 생활지원금도 받을 수 있다. 또한 민간 금융기관으로부터 무이자나 저금리로 융자, 사립학교 수업료 감면 혜택을 받을 수 있는 등 지원 대상이 된다.

단, 이재증명서 신청을 하고 나서 인정받기까지 시간이 걸릴 수 있기 때문에 이재신고증명서도 동시에 발급받자.

이재증명서 신청은 기한이 정해져 있어, 이재를 당하고 나서 원칙 14일, 1개월 등 매우 단기간 내에 마감하는 지자체도 많아서 재해가 진정되었을 무렵에는 접수가 종료되었을 수도 있다. 사전에 확인해 두자. (일본의 사례)

체험담으로 배우는
정말 필요한 방재

생활도 교통도 모든 것이 마비됐다

도심에서 빠져나갈 수가 없어!!

교통망이 전부 마비

버스

전철

택시

어진 때마다 몸이 튕겨 올랐다

화장실도

목욕도

씻는 것도 큰일!!

생활용수를 확보할 수 없다

👤 지진 재해 후 곧바로 수도꼭지를 트니 물이 나와서 급히 욕조, 양동이, 대야에 물을 채웠다. 잠시 후 단수가 돼서 복구까지 한 달이 걸렸다(29세 여성. 아들 5세, 딸 2세).

'구호물자가 이제 없습니다'라는 말을 들었다

> 👤 아이가 어리기도 해서 그냥 집에 대피해 있었다. 구호물자를 받으러 대피소로 갔더니 이미 바닥 난 상태였다(31세 여성. 아들 5개월).

> 👤 대피소에 독감이 크게 유행해서 나를 포함해 남편과 아이 모두 너무 힘들고 괴로웠다(40세 여성. 아들 4세).

돈이 걱정이었다

> 👤 집이 쓰나미로 떠내려가고 남편 회사도 재해를 입었다. 앞으로의 생활을 생각하자 불안해서 견딜 수가 없었다(35세 여성. 딸 2세).

해도 해도 토사 정리가 끝나지 않는다

한여름 작업으로 몸살이 났다

👤 사유지의 뒷정리는 개인의 책임이라고 하지만 토사 정리를 개인이 하는 것은 만만치 않다. 업체에 맡겨도 대기자로 밀려 있어 바로 일상으로 돌아가지는 못했다(45세 남성. 딸 8세).

마음이 무너졌다

👤 신축한 집의 바닥이 침수되어 마음이 무너졌다 (32세 여성. 아들 6세, 딸 2세).

한동안 집에서 나갈 수 없었다

말이 자택 대피지, 실제로는 고립된 거나 마찬가지였다

밖으로 나갈 수가 없어!!

👤 폭설로 집 밖으로 나오지 못해 1주일이나 갇혀 있었다. 식량도 기저귀도 부족해서 고립된 거나 마찬가지였다(32세 여성. 아들 2개월).

오곡밥　카레
건빵　오곡밥
생수 2L　건빵
생수 2L　생수 2L

구호물자가 도착해도 필요한 물자는 없었다

마스크

화장지

👤 대피소에 가니 구호물자는 도착해 있었지만, 알레르기가 있는 아이에게 먹일 음식이 없었다(22세 여성. 딸 2세).

👤 대피소에서 잠시 지냈지만 아이가 울 때마다 밖으로 데리고 나가야 해서 달래느라 감기에 걸렸다. 아이를 데리고 대피소나 임시 시설에서 지내는 것 자체가 만만치 않음을 실감했다(29세 여성. 딸 8개월).

수도관이 파열되어 한 달 동안 단수

👤 수도가 동결되고 수도관이 파열되면서 물을 사용할 수 없는 날이 계속됐다(32세 남성. 딸 2개월).

대피소에서 지내는 생활은 녹록치 않았다

2011년 3월 11일. 우리 가족은 후쿠시마에서 재해를 입었고, 집은 쓰나미로 떠내려갔다. 우리 가족과 이웃에 살던 동

> 👤 집도 남편 직장도 모두 잃고, 대피소 생활을 전전하는 하루하루가 이어졌고, 미래가 전혀 보이지 않아 괴로웠다(25세 여성. 아들 2세).

생 가족은 무사했다. 그것만이 위안이었다. 남편 회사도 떠내려가서 직장 복귀가 어려운 상태가 됐다.

한순간에 모든 것을 잃었고, 인생이 단 한 번의 재해로 확 바뀌었다. 그리고 그 분노감 내지 상실감을 어디에도 털어놓을 수가 없었다.

그럼에도 어쨌든 살아가야 한다는 생각에 며칠간은 대피소로 지정된 초등학교 체육관에서 지냈다. 지진 재해로 인한 스트레스로 예민해진 아들이 울고 소동을 피우며 얌전히 있지 않았다.

체육관은 어린아이가 있는 가정에서는 정말이지 가혹했다. 결국 지진 재해 3일째 되던 날 조금 떨어진 곳에 아이와 함께 지내기 좋은 대피소가 있다는 말을 듣고 동생 가족과 함께 그곳으로 옮기기로 했다. 대피한 곳은 개인실이 설치되어 있고 식사나 목욕도 가능한 곳이었다. 다른 사람들에게도 폐를 끼치지 않고 개인실에서 지낼 수 있는 것만으로도 크게 안심됐다.

지진 재해 이후 아들은 작은 소리에도 깜짝 놀라며 내 옆을 잠시도 떠나질 않았다. 좁은 개인실 안에서의 생활은 아무리 가족이라도 각자 스트레스를 받기는 했지만 인간은 조금씩 적응하며 어떤 경우라도 앞으로 나아갈 수 있는 힘을 갖고 있었다. 아이들이 많은 대피소 안에서 아들도 조금씩 주위 아

이들과 잘 어울리게 됐고 엄마 아빠끼리는 정보를 교환하고 서로 도우면서 지냈다.

대피 당시만 해도 그 대피소에 100명 정도의 사람으로 북적거렸지만 한두 명씩 갈 곳을 찾아가고 3월 중순 이후에는 60명 정도, 4월 중순에는 40명 정도만 남게 됐다. 주위 사람들은 일상으로 돌아가는데 우리는 돌아갈 집도 없고, 남편 직장도 없어 돌아가려야 돌아갈 일상이 없었다. 대피소에서 나간 사람들을 보면서 때때로 고통스러워지고 왜 우리에게 이런 일이 닥쳤는지 원망스러운 감정이 끓어올랐다.

4월 중순이 되자 대피소를 운영하는 측에서 이번 달 말로 퇴거해 줬으면 좋겠다고 했다. 가뜩이나 보이지 않는 앞날이 더욱 캄캄해졌지만 희망의 빛도 보였다. 대피소에서 구직 활동을 했던 남편의 취직이 결정되어 근처 아파트를 빌릴 수 있게 된 것이다.

낯선 땅에서 새롭게 출발하는 것에 불안감이 없는 것은 아니었다. 하지만 아이의 웃는 얼굴을 보고 힘을 얻어 그럭저럭 새로운 생활에 적응했다. 생각해보면 결혼을 해 후쿠시마로 갔을 때도 친구 한 명 없었다. 아이가 태어나고 아이를 키우는 곳 어디서나 또래 아이 엄마들과 교류하면서 융화할 수 있었으니까, 분명 예전처럼 잘 해낼 거라고 믿었다. 지금은 많은 친구가 생기고 즐겁게 생활하고 있지만, 그립고 소중한 고향은 지금도 잊을 수가 없다. 가끔은 돌아가고 싶어 힘들 때도 있다. 다시는 이런 힘든 상황을 겪는 사람이 없도록 나의 체험을 전한다.

출산할 병원을 찾지 못해 불안감이 컸다

집은 물론 출산 예정이었던 병원이 재해 피해를 입었다. 남편은 재해 당시 직장을 떠나서는 안 되는 일이라서 두 살인 아들을 데리고 다른 도시의 친척에게 몸을 맡기기로 했다.

> 👤 출산 예정인 병원이 재해를 입었고 먼 곳으로 대피했다가 출산 난민이 되었다. 몇 번의 거절 끝에 인터넷에서 찾은 병원에서 출산했다(24세 임산부. 아들 2세).

원래는 상대적으로 피해가 적은 친정으로 갈까도 생각했지만 친정은 원전 사고 피해 지역으로부터 얼마 떨어져 있지 않은 곳에 있어 방사능이 걱정되어 고향을 떠나기로 했다.

친척들은 모두 반갑게 맞아주었다. 또 대피소에서 생활하는 사람들의 모습을 TV로 보면서 따뜻하고 음식이 있는 환경에서 지낼 수 있음에 진심으로 감사한 마음이 가득했다. 한편, 아이가 없는 가정이라 서로 당황하는 일이 생기기도 했다. 아들이 쿵쾅쿵쾅 뛰어다니고 소리를 지르는 등 서로 조금씩 스트레스가 쌓여가는 것을 느꼈다.

친척은 힘든 때니 원하는 만큼 있어도 된다고 말했지만 한창 활발한 두 살 아들을 조용히 시키는 것은 어려웠고, 비상시라고는 하지만 다른 가족과 함께 지내는 것의 어려움을 실감했다. 결국 맘껏 뛰어다닐 수 있도록 일찌감치 집을 구하기로 했다.

찾아야 했던 것은 집만이 아니었다. 출산할 병원도 찾아야 했다. 남편이 없는 가운데 혼자서 모든 것을 해야 해서 불안한 마음은 이루 다 말할 수

없었지만 엄마인 내가 웃지 않으면 아들과 태어날 아이도 우울해질 것 같아 스스로를 북돋웠다. 부정적인 마음이 얼굴에 드러날 때면 아들의 얼굴을 보고 배를 문지르며 힘을 냈다. 인터넷을 검색해서 병원을 찾았고 이용 후기 등을 참고해서 후보를 추려 문의했더니 병원 담당자에게서 앞으로 6개월은 출산 예약을 받을 수 없다는 말을 들었다.

보건소에 상담하니 동일본 대지진으로 대피 중이라는 사실을 말해 보라고 했다. 다시 병원에 전화를 걸어 이재민으로 출산 난민이 됐다고 전했더니 담당 의사를 바꿔 출산할 수 있었다. 지진 재해로부터 한 달 반이 지났다.

그리고 한 달 후, 무사히 남아를 출산했다. 두 번째 출산이었지만 지진재해로 인해 모든 예정이 꼬여버려 당황스러운 출산이었다. 출산 난민이 됐을 때는 정말 불안했지만 어렵게 받아준 병원에는 감사한 마음을 이루 다 말할 수 없다. 친절하게 이야기를 들어준 보건소 분, 우리를 따뜻하게 맞아준 친척 등 사람의 따뜻함을 많이 느낀 몇 개월이었다.

생활이 안정되고 나서 방재에 대해서도 적극적으로 임하게 됐다. 그때 살아남은 목숨과 무사히 태어난 생명을 소중히 여기며 열심히 살아가려고 한다.

영양 부족 때문에 구내염으로 고생했다

지진 후에 대피소로 피신 했지만, 어린아이에게 대피소 생활 은 무리라고 판단하고 근처에 살고 있던 친정엄마를 모시고 와 한동안 집에서 대피 생활을 했다.

> 👤 어린아이가 있어 대피소에는 가지 않 고 자택에서 대피 생활을 했다. 집에 있던 물품만으로 1주일을 지냈다. 영양 상태가 최악이었다(31세 여성. 아들 4세, 2세).

집은 정전이라 TV는 볼 수 없어 정보를 들을 수 없을 뿐 아니라 휴 대폰 충전도 할 수 없어 매우 불편했다.

식사는 손전등으로 간신히 비추면서 사두었던 음식을 간단하게 해먹 었다. 난방도 안 되는 상태였기 때문에 불이 켜지지 않는 고타츠(숯불이나 전 기 등의 열원 위에 틀을 놓고 그 위로 이불을 덮게 된 난방기구) 안에 온 가족이 들 어가 식사를 했다. 다행히 가스와 수도를 사용할 수 있어서 물을 끓여 보온주 머니와 유리병에 뜨거운 물을 넣고 천으로 감싸 고타츠 안에 넣었다. 이것은 할머니의 아이디어. 비상시에는 옛사람들의 삶의 지혜가 정말 유용하다는 것 을 새삼 깨달았다.

그 밖에도 가족끼리 서로 머리를 맞대고 옛날 방식의 추억 놀이를 하 며 단란한 시간을 보내면서 가족의 정을 강하게 느꼈다.

또한 식재료를 많이 사두었다고 생각했으나, 아무래도 채소가 부족 해 주스로 보충했지만 구내염이 생겨 입 양 끝이 찢어지기도 했다. 아이의 영 양 균형을 생각해서 평소 식자재를 비축해 두어야겠다고 생각했다.

아이들이 독감에 걸렸다

아이들을 낮잠 재우던 중에 재해가 일어나 고타츠 안으로 대피시켰다. 다행히 상처를 입지 않았고 집도 무사했지만 인근 건물과 도로에 균열이 생기는 등의 피해가 있

> 👤 식료품은 물론 기저귀 등의 생활용품도 구하기 힘든데다 3명의 아이가 독감에 걸려 힘들었다(35세 여성. 아들 5세, 딸 3세, 1세).

었다. 라이프 라인은 모두 멈추었다. 전기는 이틀 후에 복구됐지만 대신 물이 나오지 않았다. 가스도 가스회사가 쓰나미 재해를 입어 한 달 동안은 공급할 수 없는 상태였다.

한 달이나 목욕을 못 하는 것은 참기 힘들었다. 조금 떨어진 곳에 있는 온천시설을 이재민에게 개방해서 이용하려고 했으나 차에 휘발유가 부족해서 자주 갈 수가 없었다. 또 식량이나 생활용품, 휘발유도 구할 수 없어 몹시 불안한 하루하루를 보냈다. 기저귀도 빠듯할 때까지 기다렸다가 갈아야 했다. 지금까지 너무도 당연했던 일, 원하는 물건을 항상 손쉽게 구할 수 있었던 것이 정말 고마운 일임을 실감했다.

이 상황에서 3명의 아이들이 고열로 드러누웠다. 진료를 하는 병원도 쉽게 찾지 못하고 겨우 열려 있는 소아과를 찾아 진찰했더니 독감이었다. 처방받은 타미플루를 복용하고 안정을 되찾았다.

아내와 아이를 만나는 데 1주일이 걸렸다

시내의 회사에서 근무를 하던 중 재해가 일어났다. 내가 사는 신축 집은 쓰나미에 떠내려갔다.

아내의 휴대폰은 연결되지 않아 아내와 아이가 집에 있다가 쓰

> 👤 회사에 있을 때 재해를 입고 귀가했더니 집은 떠내려갔다. 아내와 아이가 어디로 대피했는지 전혀 알 수 없어 무작정 찾아다녔다(32세 남성. 아들 2세).

나미에 휩쓸린 건 아닐까 하는 최악의 상황이 머리를 스쳤지만, 무사할 거라고 믿고 대피소 한곳 한곳을 뒤지며 돌아다녔다. 평소에 대피소 위치를 확인하지 않은 것을 후회했다. 일부 대피소는 떠내려간 곳도 있어 몇 번이나 불안감에 짓눌렸다. 대피소에서 북적거리는 이재민 사이를 헤집고 다니던 중 확성기를 들고 있는 자원봉사자가 말을 걸어와 게시판에 메시지와 휴대전화 번호를 남겼다.

3일 후, 휴대전화에 낯선 번호로 연락이 와서 받아 보니 아내였다. 아내는 황급히 도망갈 때 휴대폰을 떨어뜨린 것 같았고 내 번호를 기억하지 못해서 연락할 수 없는 상태였는데 내가 남긴 메모를 발견하고 휴대폰을 빌려 연락을 한 것이었다.

마침내 아내와 아이를 재회했을 때 서로 부둥켜안고 통곡했다. 집이 떠내려간 것보다도 서로의 안부를 모르는 상황이 더 힘들었다. 대피소 위치를 확인하는 것은 물론, 만일에 대비해 어떤 방법으로 만날지에 대해서도 상세히 이야기를 나눌 필요가 있다고 느꼈다.

토사가 전혀 정리되지 않는다

서일본 집중호우로 재해를 입고 집 1층은 완전히 침수되었다. 우리는 호우특별경보 지시에 따라 고지대에 있는 초등학교로 대피했기 때문에 무사했다.

> 👤 재해보다도 그 후가 힘들었다. 시간이 지나도 진척이 없는 작업에 지쳐 기운이 나지 않았다. 빨리 일상으로 돌아가고 싶었다(35세 남성. 딸 4세).

하지만 정작 그때부터가 힘들었다. 우선 한여름의 체육관은 엄청난 더위로 도저히 머물 만한 환경이 아니었다. 아이의 몸 상태가 안 좋아져 빨리 집으로 돌아가고 싶었다. 물이 빠진 며칠 후에 집으로 돌아오니 집 1층은 진흙투성이인 채 방치되어 눈앞이 캄캄했다.

이웃집 사람들도 자신들의 집을 멍하니 쳐다볼 뿐이었다. 미처 대피하지 못하고 사망한 이웃도 있었다.

수색 활동이 계속되는 가운데 나는 대피소와 집, 회사를 왔다 갔다 하며 토사 정리를 시작했다. 집 주변은 개인 도로이기 때문에 지자체에 토사 정리를 부탁할 수 없어 전부 우리가 직접 해야 했다. 복구가 전혀 진행되지 않은 가운데 자원봉사자가 도와주러 와 주었다. 언제쯤이면 정상적으로 생활할 수 있을지 짐작조차 할 수 없어 강에서 떨어진 인근에 아파트를 빌렸다. 그나마 2층에서 건진 가구를 조금씩 옮겨 어떻게든 생활을 시작했다. 앞날이 전혀 보이지 않아서 불안했다.

간단한 것부터 시작하자

재해 대응 능력을 높이는 열쇠는 일상생활 속에 있다. 특히 아이가 있는 가정에서의 방재는 평소 아이들과 어떻게 지내고 있는지가 유사시에 가족을 돕는 방법이 된다.

예를 들어 화장실. 아이들은 아슬아슬할 때까지 참다가 볼일을 보는 성향이 있으므로 화장실에 뛰어갈 수 없는 만일의 상황을 대비해서 어른이든 아이든 화장실을 참지 않고 바로 가는 습관을 들일 것.

또한 방재용품을 새로 사들이기 전에 매일 쓰는 소모품을 1주일분 더 구입하기만 해도 재해 대응 능력은 현저히 높아진다. 특별한 것보다는 일상을 재검토하는 것부터 시작하자. 꼭 시도해 보기 바란다.

1 화장실은 갈 수 있을 때 간다

지하철 안에서 재해를 당하면 오랜 시간 갇힐 수도 있다. 재해가 발생한 직후에는 화장실에 갈 수 없는 상태에 처할 수도 있다. 간이 화장실을 사용할 수 없는 상황도 생길 수 있으므로 갈 수 있을 때 자주 가도록 한다. 아이의 경우는 도저히 참을 수 없을 때까지 화장실에 가지 않으려고 할 수도 있다. 이동 수단 안에서 일어날 재해를 생각해서 화장실 훈련이 끝난 아이일지라도 가방에 기저귀를 한 장 넣어두면 안심이다.

2 커튼이나 블라인드를 닫아둔다

유리창에는 기본적으로 유리 비산 방지 필름을 붙일 것을 추천하지만 그 전에 할 일이 있다. 그것은 낮 시간을 보내는 방의 커튼이나 블라인드는 닫아둘 것. 지진이나 태풍으로 유리창이 깨졌을 때 유리 조각이 방 안에 떨어지는 것을 막을 수 있다. 또 잠을 잘 때도 커튼 치는 것을 잊지 말자.

3 잠 자는 곳의 안전을 확인한다

깊이 잠든 한밤중에 일어나는 지진은 상상만 해도 무섭지만 캄캄한 어둠 속에서 책장 등이 침대로 넘어지면 부상이나 패닉의 원인이 된다. 부부 침실이나 아이 방에 실제로 침대에 누워 안전을 확인하기 바란다. 흔들리면 떨어질 만한 물건이나 넘어질 만한 가구는 위치를 바꾸는 등 대책을 취해야 한다.

4 스마트폰에 필요한 앱을 다운로드한다

시간 있을 때 재해 시에 도움이 될 만한 앱을 스마트폰에 다운로드해 둔다. 지진 앱의 기본인 긴급 지진 속보 통지 앱을 비롯해 평소의 방재 능력을 높일 수 있는 앱들이 있다. 또 라디오를 휴대하지 않은 사람은 스마트폰에서 무료로 라디오를 들을 수 있는 앱을 다운로드 받아 두면 편리하다.

5 휴대폰 충전기는 항상 가지고 다닌다

재해 시에는 정전이 될 가능성이 높다. TV를 볼 수 없는 상황에서 정보를 얻기에 유용한 것이 스마트폰이다. 동일본 대지진 때도 인터넷을 통해 정보를 얻은 덕분에 쓰나미 재해를 피할 수 있었다는 사람도 있다. 이제 스마트폰은 생명줄이 됐다. 휴대폰 배터리는 건전지식이나 충전식 등 종류가 다양하다. 사용하기 편한 것을 골라 항상 가지고 다니도록 하자.

6 생리용품과 기저귀는 익숙한 것으로 충분히 준비한다

재해 시에는 스트레스로 인해 갑자기 생리를 시작할 수 있고, 다음 생리까지 예비 분량이 모자랄 수도 있다. 방재 강좌 참가자로부터 대피소에 가면 받을 수 있냐는 질문을 받을 때가 있다. 행정 방재 창고에는 충분한 양의 생리대, 기저귀는 구비되어 있지 않으므로 평소에 필요한 양의 두 배 정도 넉넉하게 구비해 둔다.

7 물, 즉석식품, 건조식품을 많이 사 둔다

필요한 최소한의 물건으로 살아가는 미니멀 라이프를 추구하는 사람이라도 적당량의 비축량은 필요하다. 특히 어린아이가 있는 가정에서는 대피소로 가기 힘든 경우도 많기 때문에 재해 후 1주일 동안은 물건을 사러 가지 않아도 견딜 수 있을 만큼 준비해 둘 필요가 있다. 비상식뿐만 아니라 생필품과 물, 즉석식품, 건조식품을 많이 사두도록 하자.

8 기저귀 가방은 사용한 만큼 보충한다

평소 아기와 외출할 때 가지고 다니는 기저귀 가방은 외출 시에 필요한 물건이 갖춰져 있는 최강의 비상용 물품 가방이기도 하다. 그렇기 때문에 사용한 만큼 바로 보충해 두는 것이 좋다. 아기에게 필요한 물건뿐만 아니라 물이나 과자, 비상약 등 만약의 경우 엄마에게도 도움 되는 물건을 준비해 놓으면 안심이다.

9 외출지에서는 비상구와 AED(자동 심장충격기) 장소를 확인한다

여행할 때나 외출지에서는 목적지에 도착하면 우선 비상구와 AED가 있는 장소를 확인하는 습관을 갖자. 아이들과 함께 비상구 찾기를 놀이처럼 하면, 아이는 비상구를 즐겁게 찾아낸다. 동시에 대피 경로도 확인해 두면 좋다. 높은 건물의 경우는 엘리베이터가 멈췄을 때 대피하는 경로도 확인해 둔다.

10

휘발유는 반으로 줄면 보충한다

재해를 당했을 때 차가 움직이는지의 여부에 따라 대피에 큰 영향을 끼친다. 휘발유가 충분히 들어 있으면, 만일의 경우 차량으로 대피하거나 차내에서 취침을 할 수 있고, 먼 곳에 있는 쇼핑몰에 물건을 사러 갈 수도 있고, 아이를 데리러 가는 일도 훨씬 수월하다. 특히 지방에 살면서 평소 차가 주요 이동 수단인 사람은 자주 주유하는 것이 중요하다.

　　방재라고 하면 많은 사람이 먼저 비상용 물품 가방을 준비해야 한다고 생각하겠지만, 안 그래도 매일 육아에 쫓기는 아이 동반 가정에서는 아이를 쫓아다니는 것만으로도 벅차다. 그러므로 우선은 앞에 든 10개 항목을 일상생활을 하면서 천천히 준비하길 바란다.

　　분명 재해 대응 능력이 꽤 높아진다. 어느 하나도 특별한 것은 없으며 일상 속에서 조금만 노력하면 가능한 사항들이다. 한꺼번에 10개 항목 모두를 할 것이 아니라 한 항목만 실천해 보는 것만으로도 어제보다 방재 능력은 높아진다. 방재는 무리 없이 할 수 있는 일을 조금씩 늘리고, 그것을 습관화하는 것이 중요하다. 모든 것이 완벽한 상태를 목표하기보다는 조금씩 끌어올리는 것이 중요하다. 재해가 닥쳐도 전혀 신경 쓰지 않아도 될 정도로 자연스레 방재 능력을 강화하는 것이 이상적이다.

집을 안전한 셸터(피신처)로 만들자

잠 자는 시간을 포함해서 가장 긴 시간을 보내는 곳이 집이다. 다시 말해 가장 재해를 당할 확률이 높은 곳이 집이다. 동일본 대지진 당시 지진으로 집 안이 엉망이 되고, 유리 파편 등의 위험으로 대피소에서 보냈다는 사람도 많았다. 한편 대피소에서는 아이가 얌전히 있지 못하고 그로 인해 주위 사람들도 스트레스가 쌓여 지내기 힘들어서 결국 집으로 돌아간 가정이 많은 것으로 볼 때 아이를 데리고 하는 대피 생활이 얼마나 어려운지 새삼 알 수 있었다. 이 책의 일러스트를 담당한 미야기현에 사는 일러스트레이터는 재해 후, 생활 거점이 집인 것이 편하고 감염 등의 위험이 적어서 안심된다고 했다. 방재 전문가인 아베 나오미 씨도 아이가 알레르기 체질이어서 대피소로 가는 것을 단념하고 집에서 지냈다고 한다.

마마플러그의 방재 강좌에서도 우선은 집이 안전한 장소가 되도록 대비하는 것이 좋다고 말한다. 집 안에서 일어날 수 있는 위험에 대해 생각하고 각 위험 요소에 대한 대책을 강구해서 지진 후 1주일 동안은 집 안에서 안전하게 지낼 수 있도록 하는 것이 중요하다. 아이가 어려서 물건이 어질러지기 쉬운 경우도 있지만, 부부 침실이나 평소 비어 있는 방 하나에는 유리나 가구 등 넘어지거나 깨질 만한 물건을 두지 않는다.

자녀를 동반한 가정은 자택 대피가 기본. 비상시에 자택이 안전하다면 안심하고 지낼 수 있다

☑ 위험한 장소를 체크해 두자

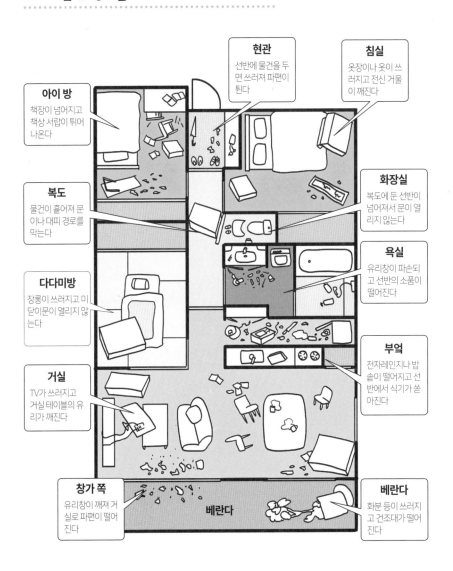

아이 방
책장이 넘어지고 책상 서랍이 튀어 나온다

현관
선반에 물건을 두면 쓰러져 파편이 튄다

침실
옷장이나 옷이 쓰러지고 전신 거울이 깨진다

복도
물건이 흩어져 문이나 대피 경로를 막는다

화장실
복도에 둔 선반이 넘어져서 문이 열리지 않는다

다다미방
장롱이 쓰러지고 미닫이문이 열리지 않는다

욕실
유리창이 파손되고 선반의 소품이 떨어진다

거실
TV가 쓰러지고 거실 테이블의 유리가 깨진다

부엌
전자레인지나 밥솥이 떨어지고 선반에서 식기가 쏟아진다

창가 쪽
유리창이 깨져 거실로 파편이 떨어진다

베란다

베란다
화분 등이 쓰러지고 건조대가 떨어진다

차는 이동 가능한 대피소가 된다

👤 가족 전원이 무사해서 안심한 것도 잠시. 어린아이를 데리고 하는 대피 생활은 너무 힘들어서 두 번 다시 경험하고 싶지 않다(동일본 대지진 | 29세 여성. 딸 1세).

👤 집에 필요한 물품을 구비했지만 바닥이 침수되어 못쓰게 됐다. 2층에도 두었어야 했다(2018년 7월 폭우 | 24세 임산부).

집, 차, 친구 집, 친척 집 등. 대피소가 아닌 대피 장소를 몇 군데 준비한다

재해를 입은 엄마 아빠의 경험을 통해 방재 거점을 몇 군데 준비해 두는 것의 필요성을 알 수 있다.

집의 안전이 확보되었다면 다음 거점을 검토하자. 교외에 사는 사람은 차가 방재 거점이 될 수도 있다. 필요한 물품을 비축해 두면 훌륭한 대피소 역할을 한다. 안전한 장소로 대피해서 비바람을 막고 선잠을 자면서도 지낼 수 있다. 무엇보다도 아이의 울음소리 등 주위의 신경을 쓰지 않고 대피 생활을 할 수 있어 엄마 아빠의 스트레스 경감에도 도움이 된다. 차에 캠핑용품을 실어두면 차와 텐트 안 두 곳의 공간을 확보할 수 있어 만에 하나 집에서 지낼 수 없는 상황에서도 안심이다. 단, 몸 상태는 충분히 주의를 기울여야 한다.

또한 재해 시에 아이 친구 가족이나 친척과 연대하면 아이들을 교대로 돌볼 수 있어 어른들의 활동 범위가 넓어진다. 누군가의 집이 위험할 때는 다른 누군가의 집으로 대피할 수 있도록 서로의 가족에게 필요한 물건을 비축해 두면 좋다.

☑ 전기자동차도 도움이 될 수 있다

구마모토 지진에서는 전기자동차의 배터리에 충전한 전력으로, '정전 중인 마시키 마을 동사무소를 밝힌 모습이 TV에서 보도됐다. 최근 붐이 일고 있는 전기자동차는 가정용 전기 공급에 도움이 되고 있다. 신차 구매 시 선택지로 생각해 보는 것도 좋을 것이다.

☑ 차량의 방범 대책도 충분히 준비한다

남의 눈에 띄지 않는 장소가 편안하게 지낼 수 있을 거로 생각하는 사람도 많겠지만, 재해 시에는 물자가 부족하고 사람들도 스트레스에 노출되어 있기 때문에 도난 사건이 증가한다. 밤에는 어두운 곳이 아닌 남의 눈에 띄는 장소로 이동하여 잠금장치를 하고 귀중품을 보이는 곳에 놓아두지 않아야 한다.

☑ 차에 방재용품과 물을 비치해 둔다

차를 잘 활용하면 재해 후 아쉬우나마 지내는 것이 수월하다. 차 안에는 물, 쿠키와 같이 온도 변화에 강한 음식물, 담요, 수건, 배터리 충전기, 다운재킷, 아이가 갈아입을 옷, 간이 화장실 등을 준비해 두자.

☑ 이코노미 클래스 증후군을 조심하자

차 안에서 대피 생활을 할 때 조심해야 할 것이 이코노미 클래스 증후군이다. 특히 임산부나 노인이 있는 경우는, 적당히 몸을 움직이고 종아리를 주무르거나 발목을 돌리거나 해서 혈전이 생기지 않도록 하자. 또한 일산화탄소에 중독되지 않도록 환기에도 주의하자.

응

조금씩 걷는 게 혈액 순환에 좋아

정리 방재를 실천하자

있어야 할 곳에
물건을 둔다.
필요한 물건을 필요한 만큼
소유하도록 하자

방재라고 하면 왠지 귀찮게 느껴지는 엄마 아빠도 정리나 미니멀 라이프라고 하면 해보고 싶다는 말을 한다. 누구나 방재는 귀찮아 하지만 방을 정리하고 우아하게 살고 싶은 마음은 있다. 그것이 방재로 이어지기 때문에 마마플러그에서는 매일의 삶을 향상시키기를 권장하고 있다. 예를 들어 선반에 물건이 널려 있으면 지진이 일어났을 때 흉기가 되고 물건이 흐트러져서 뒤죽박죽되면 귀중품 등을 찾는 것도 힘들다.

반대로 흔들려도 깨지는 물건이나 흐트러진 물건이 없다면 재해 후에도 집 안에서 안전하게 지낼 수 있다.

최근에는 정리뿐만 아니라 물건을 소유하지 않는 삶을 다룬 책도 늘어나고 있지만, 중요한 것은 적절한 양을 갖추고, 필요한 물건 외에는 갖지 않는 것이다. 그 결과, 방 안도 깔끔해져 기분 좋게 지낼 수 있다. 그렇다고 해도 어린아이가 있는 집에서 깔끔하게 정돈된 생활은 무리일 거라고 생각 들지만, 집 안의 불필요한 물건을 정리하고, 있어야 할 자리에 필요한 물건을 준비해 두면 방재 능력은 현격히 높아진다.

대청소를 할 때나 아이의 진학 시기에 맞춰 집 안을 한 번 돌아보고 삶의 질 자체를 높이자.

☑ 있어야 할 물건을 제자리에 둔다

정리 방재의 기본은 기본적으로 집을 치우고 정리하는 것이지만 가구가 넘어지지 않도록 해 두는 것과 사용하기 좋은 장소에 물건을 놓아두는 것도 중요하다. 예를 들어 손전등은 현관이나 화장실. 거실 등 정해진 장소에 끈을 매달아 두면 갑자기 정전이 돼도 찾는 데 힘들지 않다. 가구는 넘어지지 않도록 전도 방지 대책을 해 둔다. 아이의 생명을 지키는 것과도 직결된다.

☑ 물건을 장식할 때는 미끄럼 방지 대책을

눈에 띄는 곳에 물건이 없다면 지진으로 흔들렸을 때 흩어질 일도 없다. 인테리어는 가능한 한 심플하게 하는 것이 좋지만. 꾸미고 싶은 물건이 있을 때는 가전 미끄럼 방지 시트 등을 이용해 흔들려도 떨어지지 않도록 대비하자.

☑ 방재용품 배치 장소를 정한다

기껏 준비한 방재용품을 어디에 뒀는지 모르거나 처박아 둬서 꺼내기가 어려우면 유사시에 곤란하다. 원할 때는 언제든 꺼낼 수 있고 생활하는 데 방해가 되지 않는 장소에 보관한다. 불필요한 물건을 치우는 것이 정리 방재의 기본이다.

☑ 귀찮으면 우선 방 하나부터

아무리 가족의 안전을 위해서라도 육아를 하면서 온 집 안을 완벽하게 치우는 것은 말처럼 쉽지 않다. 그럴 때는 안전한 방 하나가 있으면 안심된다. 침실 등 평소 물건이 적게 놓여 있어서 안전을 확보하기 쉬운 방부터 시작해 보자.

주방에서는 물건이
튀어나오지 않도록 대비하는 것이 기본

주방은 전자레인지,
밥솥, 접시 등
튀어나오지 않게 하는
방법이 필요

집 안에서 특히 방재 대책을 세울 필요가 있는 곳이 주방이다. 주방 주변에 있는 물건, 전자레인지나 밥솥, 접시와 컵 등 진도 6의 지진에는 그 모든 것이 흉기가 되어 날아온다. 그 위력은 '주방에 있는 모든 것이 바로 옆에서 날아왔다. 튀어나온 전자레인지로 골절되었다. 찬장의 유리잔이 쏟아져 내려 모두 깨졌지만 정전이라 청소기를 사용하지 않고 치우느라 힘들었다'는 체험담에서도 알 수 있다. 특히 아파트 고층은 크게 흔들리기 때문에 아이의 목숨을 지키기 위해서라도 대책이 필요하다. 우선은 냉장고나 키높이 수납장은 전도 방지 버팀목 등으로 고정한다.

전자레인지나 토스터기 등의 가전은 내진용 매트를 깔아 흔들림으로 떨어지지 않도록 하자. 키가 작은 캐비닛이나 찬장 등은 가구 고정판 등을 사용하여 앞으로 넘어지지 않도록 하고, 문고리와 유리 비산 방지 시트를 깔아 식기가 튀어나오거나 유리가 깨져 흩어지는 것을 방지한다. 저렴하고 예쁜 제품이 많으므로 미리 준비해 둔다.

또한 주방의 수납장 위쪽에는 가벼운 것, 아래쪽에는 무거운 것을 넣는 것이 기본이다. 만에 하나 위에서 물건이 떨어져도 다치지 않도록 대비한다.

☑ 식재료는 소비하면서 비축하는 것이 기본

식재료는 소비하면서 비축하는 롤링 스톡법이 기본이다. 비상식량을 대량 구매해서 창고에 처박아 둔 채 신경 쓰지 못한 사이에 유통기한을 넘기기보다는 즉석식품이나 통조림, 건조식품 등을 평소에 비축해 뒀다가 유효기한 이전에 먹되, 먹은 만큼 보충하면서 대비한다.

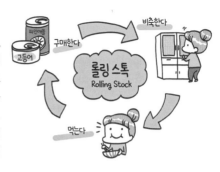

☑ 싱크대 상부 수납장에는 가벼운 물건을 넣는다

만에 하나 수납장 문이 열려 내용물이 떨어져도 다칠 염려가 없도록 경량의 컵라면이나 냉동 건조식품, 건어물 등 가벼운 것을 싱크대 상부 수납장에 수납한다. 또 찬장 위나 주방 주위에 조미료나 식기, 식칼 등의 조리도구 등을 꺼내놓은 채 두지 않는다.

☑ 휴대용 가스버너 등을 준비한다

재해 시에는 전기와 가스 공급이 중단되는 경우도 많기 때문에 휴대용 가스버너는 반드시 준비해 놓자. 봄베(고압의 기체나 액체를 넣는 강철제 원통형 용기)도 일주일 동안 쓸 수 있도록 비축해 두자. 바비큐 장비 등이 있으면 아이도 즐거워하고 음식을 구워 먹을 수 있어 편리하다. 그러나 여진이 심할 때는 사용을 삼가야 한다.

아이 방에는 쓰러지거나 떨어질 만한 물건을 두지 않는다

책장이나 책상 등
아이 방에는 위험 요소가
가득하다.
취침 시에도 안전한
공간이 되도록 한다

어른 침실과 달리 아이 방에는 다양한 가구와 물건이 놓여 있다. 지진이 일어나면 옷장 등의 가구는 쓰러지고 책상은 크게 흔들리며 벽시계나 액자, 선반에 놓인 트로피 등은 흉기가 되어 떨어진다. 한신 아와지 대지진에서는 사망한 사람의 무려 4분의 3이 압사였다. 책장은 버팀목 등으로 고정하여 튀어나오는 것을 방지하고 책상이나 테이블은 가구 전도 방지 시트를 사용하여 고정해 둔다.

또한 벽에 걸려 있는 물건은 떨어져도 안전한 위치에 설치하거나 무거운 것은 가급적 걸지 않는 것이 좋다.

☑ 아이가 스스로 몸을 지킬 수 있게끔 배치한다

아이 방은 다목적 룸이기 때문에 물건이나 가구가 많아 위험한 장소이다. 아이가 혼자 있을 때도 안전하게 몸을 지킬 수 있도록 가구의 배치에 신경을 쓰자. 문 주변에는 쓰러졌을 때 출입을 막는 가구를 두지 않는 것이 중요하다.

☑ 침대에서 자보고 안전을 확인한다

취침 시에 물건이 떨어지거나 쓰러지지 않도록 침대에서 실제로 자보고 안전을 확인하자. 베갯머리나 침대 주위의 벽에는 떨어질 만한 물건을 두어서는 안 된다. 침대 자체도 미끄럼 방지 매트 등으로 고정하고 책장이나 옷장이 쓰러지지 않도록 한다.

무방비 상태인 욕실은 부상 방지 대책을 강구한다

유리 비산 방지 대책을 세우고 선반에는 깨지는 물건을 두지 않는다

와~ 기분 좋다!!

'지진이 일어난 직후 곧장 욕조에 물을 받아 생활용수로 사용했다. 여진이 계속되는 가운데 한동안 물건이 없는 욕실에서 지냈다'는 체험담과 같이 욕실은 재해 시 중요한 공간이므로 깨질 만한 물건을 가급적 두지 않아야 하고 안전한 장소로 만들어 둔다. 남은 물을 모아두지 말지는 상황에 따라 다르다. 아파트 고층은 크게 흔들리기 때문에 고인물이 여진으로 튀어 방이 물에 침수되는 일도 있다. 아이가 어린 경우는 사고를 방지하기 위해 욕실 문을 잠가두는 등의 대응이 필요하다. 또한 배관이 손상된 경우에는 하수구로 물을 흘려보낼 수가 없다. 배관 상태를 확인하고 사용하도록 하자.

☑ 유리창이나 거울에는 비산 방지 시트를 붙인다

이렇게 하면 ok!!

욕실에는 깨질 만한 물건을 두지 않는다. 높은 곳에 선반이 있는 경우는 떨어져도 괜찮은 것을 위에, 떨어지면 위험한 물건이나 무거운 물건은 아래에 두자. 유리창이나 거울에는 비산 방지 시트를 붙여서 깨지지 않도록 대책을 세우자.

화장실은
집 안과 밖에도
비치하자

화장실이 있는지 없는지가
대피 생활을 극복하는 열쇠다

지진이나 홍수 등의 재해가 발생하면 배수관과 도로 하수관이 손상되어 사용하지 못할 수도 있다. 비상용 화장실은 집과 외출용을 충분히 준비할 필요가 있다. 골판지 등으로 조립하는 간이 화장실이나 고양이용 시스템 화장실을 이용하는 방법 외에도 가정의 변기에 45L 봉투를 씌우고 오물을 흡수하는 응고제 등을 넣으면 비상용 화장실로 사용할 수 있다. 동일본 대지진 당시 한 달이나 단수가 계속됐는데 그사이에 생리를 해 가족과 함께 비상용 화장실을 사용하는 것이 엄청난 스트레스였다는 엄마들의 체험담을 참고해 여성용과 남성용을 따로 준비한다.

☑ 재래식 화장실 사용을
연습하자

아이들 중에는 재래식 화장실에서는 볼일을 잘 못보는 아이도 적지 않다. 대피소에는 재래식 화장실도 많기 때문에 얇은 자그마한 골판지 상자를 재래식 변기처럼 꾸며서 아이에게 볼일 보는 연습을 시킨다. 골판지 상자에 익숙해지면 외출지나 실제로 재래식 화장실 이용을 시도해 보자.

복도나 현관, 발코니 방재

피난 동선에 물건을 두지 않는다.
현관 부근에는 비상용품 가방을 놓아둔다

재해 후 '외출했다가 피해를 입고 집에 들어왔더니 현관 선반에 놓아둔 소품이 떨어져 깨지는 바람에 신발을 신은 채 집에 들어갔다. 복도에 두었던 책장이 쓰러져서 겨우 밖으로 나왔다'는 등의 피해담을 많은 엄마 아빠에게 들을 수 있었다. 현관 주변에 물건을 둘 때는 떨어지지 않도록 확실히 고정하자.

또한 실내에서 재해를 입었을 경우 현관은 대피 경로가 된다. 현관에는 문을 가로막는 가재도구나 벽걸이 그림 같은 것은 두지 않도록 하고 만일의 경우 순조롭게 도망갈 수 있는 상태로 해 둔다. 현관에 비상시에 대비해 최소한 필요 물건을 구비해 놓은 비상용 가방을 놓아둔다.

☑ 발코니나 복도는 심플한 것이 최고

현관문이 열리지 않을 때는 발코니가 대피 경로가 될 수도 있다. 단독주택 등에서는 밖으로 나가기 위한 밧줄 등을 실내에 비치하고 공동주택은 비상구 앞에 물건을 놓아 막지 않도록 한다. 화분 등도 전도 방지 시트나 로프 등으로 고정해서 쓰러지지 않도록 한다.

정말 필요한 물건을 갖추자

> 👤 오랜 단수 생활로 화장실 냄새가 가장 큰 스트레스였다(동일본 대지진 | 30세 여성. 딸 12세, 아들 9세).

> 👤 대피소에서 아이가 독감에 걸려 반쯤 부서진 집으로 돌아갈 수밖에 없었다(동일본 대지진 | 28세 여성. 아들 2세).

이재민의 생생한 체험담에서도 알 수 있듯이 재해가 발생했을 때나 피난 생활에 꼭 필요한 것을 놓치기 쉽다. 그래서 실제로 아이를 둔, 재해를 입은 엄마 아빠가 '이것이 있어서 정말 다행이었다'고 하는 용품을 정리해 봤다.

사는 지역과 아이의 연령에 따라 필요한 사항은 다르겠지만, '우리에게는 이것이 필요하다'고 수긍할 만한 용품도 있을 것이다.

☑ 충전식 진공청소기의 맹활약

재해 후에 전기가 공급되지 않아도 충전식 진공청소기가 있으면 한 차례 청소를 할 수 있다. 그중에서도 유리를 흡입해도 청소기가 손상되지 않는 종이팩 방식의 가벼운 타입을 추천한다.

> 👤 향신료나 설탕 병이 떨어져 깨져서 주방에 흐트러졌다(구마모토 지진 | 27세 여성. 아들 4개월).

☑ 청소에 도움이 된 빗자루와 쓰레받기

지진 발생 후에 꼭 해야 할 것이 청소와 정리이다. 현관에 작은 빗자루와 쓰레받기를 놓아두면 밖에서 돌아와도 빗자루로 쓸어내고 안전하게 집 안으로 들어갈 수 있다.

> 👤 외출을 했다가 지진이 났다. 집에 돌아오니 집 안에 깨진 창문이 어지럽게 널려 있었다(동일본 대지진 | 28세 여성. 딸 4세).

☑ 목장갑 덕분에 정리가 편했다

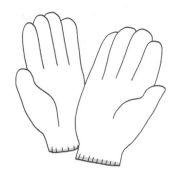

재해가 일어나면 깨진 유리나 화분 등을 정리하고 무너지고 침수된 가구를 운반할 때 큰 도움이 되는 것이 바로 목장갑이다. 부상 방지에도 유용하니 어린이용도 준비하자. 여기에 고무장갑이나 일회용 얇은 비닐장갑이 있으면 훨씬 유용하다.

> 👤 태풍 후 흩어진 나뭇가지를 정리하는데 목장갑이 있어서 편했다(태풍 | 39세 여성. 아들 5세, 딸 2세).

☑ 물 확보에 양동이를 사용한다

양동이가 없는 집도 여러 개의 양동이를 준비해 두어야 한다.

> 👤 생활용수가 부족했기 때문에 강으로 물을 뜨러 갔다(동일본 대지진 | 31세 여성. 딸 3세).

> 👤 물을 아끼기 위해 생활용수를 재사용했다. 여러 개의 양동이에 손과 얼굴을 씻은 물을 모아 세탁에 사용하고 마지막으로 화장실에 사용했다(동일본 대지진 | 44세 여성. 아들 10세, 딸 1세).

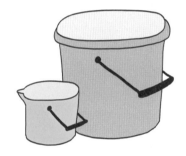

☑ LED 라이트와 양초를 준비한다

할인매장에서도 쉽게 살 수 있는 LED 라이트나 양초는 정전이 된 집에서 요긴하게 쓰인다. 또한 정원용 솔라 라이트는 밤에 길을 다닐 때 사용할 수도 있고, 빛이 나는 장난감 역시 라이트 대신 사용할 수 있다.

☑ 라디오는 전지식이나 충전식이 편리하다

재해 후 정전이 되면 TV에서 정보를 들을 수 없게 된다. 실제로 동일본 대지진에서는 지진 직후에 집 안 정리를 하던 사람들이 정전으로 TV를 켜지 못했기 때문에 미처 도망가지 못하고 쓰나미에 희생되었다. 스마트폰과 함께 전지식이나 충전식 라디오는 가족의 생명줄이다.

> 👤 라디오를 갖고 있지 않았다면 쓰나미에 휩쓸렸을 것이다(동일본 대지진 | 30세 여성. 딸 7세).

☑ 배터리는 전지식이 편리하다

휴대폰 배터리는 충전식이나 솔라(태양 전지)도 있지만, 전지식을 구비해 두면 정전이 길어져도 안심된다.

> 👤 홋카이도가 통째로 블랙아웃되고 휴대폰 기지국조차 다운됐다. 건전지 50개와 배터리를 가족 몫까지 준비해 둔 덕에 충전하는 데 별 어려움 없이 안심하고 지낼 수 있었다(홋카이도 이부리 동부 지진 | 29세 여성. 아들 6개월).

☑ 라이트는 많을수록 편리하다

전지식 손전등이나 LED 라이트 등 여러 개를 준비해서 화장실, 세면대, 침실 등 필요한 곳에 하나씩 놓아두면 편리하다.

> 👤 라이트를 가족 1인당 1개씩 준비해 뒀기 때문에 누군가 화장실에 갈 때나 외출할 때도 불편 없이 지닐 수 있었다 (구마모토 지진 | 24세 여성. 딸 3세. 아들 8개월).

☑ 엉덩이 닦는 물티슈와 일반 물티슈

아기용 물티슈는 알코올이 등이 들어 있지 않아 피부에 부드럽고 사이즈가 커서 사용하기 편리하며 더욱이 저렴하다. 어른이나 아이 모두 사용할 수 있으므로 많이 비축해 두면 여러모로 요긴하다.

> 👤 단수로 물을 사용할 수 없을 때 아기용 물티슈가 의외로 대활약을 했다. 아기뿐만 아니라 어른도 몸을 닦을 수 있어 청결을 유지할 수 있었다(폭설 | 26세 여성. 딸 2개월).

☑ 한겨울 재해에는 일회용 핫팩

방한 도구를 준비해 두는 것도 필요하지만 일회용 핫팩을 비축해 두면 한겨울에 발생한 재해에 도움이 된다.

> 👤 재해를 입고 나서 한겨울 수준의 기온으로 내려갔다. 정전이 된 상황에서 이불 속에 핫팩을 넣거나 옷에 붙이니 몸이 따뜻해졌다. 많이 사두어서 다행이었다(한신 아와지 대지진 | 40세 여성. 딸 8세, 아들 5세).

☑ 목 보습이나 냄새에 도움이 되는 마스크

마스크는 보온이나 보습에 도움이 될 뿐 아니라 먼지 등을 막아줘 천식 등을 예방하고 화장하지 않은 얼굴도 커버해 준다.

> 👤 대피소 생활에서 특히 특유의 냄새로 힘들었다. 마스크에 아로마오일을 묻히고 지냈다(2018년 7월 폭우. 42세 여성. 딸 12세).

> 👤 대피소에 독감이 유행했다. 구호물품을 받으려면 마스크가 필수적이다(동일본 대지진 | 24세. 임산부).

☑ 가족이 사용하는 보습크림

👤 정전이라 가습기를 사용할 수 없는 겨울에는 건조해서 피부가 푸석푸석해진다. 피부 보습에 바셀린이 도움이 됐다(동일본 대지진 | 30세 여성. 아들 4세).

☑ 위생용품은 제대로 갖추어 놓는다

대피 생활도 며칠 지나고 나면 당연한 것을 할 수 없는 것에 스트레스를 받는다. 특히 단수가 길어지면 비위생적인 상태가 계속 되므로 위생용품은 제대로 갖추어 두자.

👤 머리를 못 감고 이도 못 닦는 상황에서 구강 세정제와 물 없이 쓰는 드라이 샴푸가 크게 도움 됐다(동일본 대지진 | 36세 여성. 딸 6세).

☑ 비상용 화장실과 탈취 봉투는 필수

집에 세팅한 비상용 화장실은 가족 구성원이나 아이의 연령에 맞춰 사용하기 쉬운 것을 준비하자. 또한 탈취 봉투는 음식물 쓰레기를 처리할 때에도 사용할 수 있으므로 넉넉하게 사두면 편리하다.

👤 단수가 되자 화장실 문제가 가장 심각했다. 특히 오물 냄새에는 대책이 필요하다고 생각했다(동일본 대지진 | 31세 여성. 아들 6세).

☑ 생리대는 항상 넉넉하게

엄마용 여분도 필요하지만 초등학교 고학년 이상의 딸이 있는 가정에서는 아직 생리를 하지 않아도 여유 있게 준비해 두자. 생리대뿐 아니라 휴대용 비데도 함께 준비해 두면 편리하다.

> 👤 지진 직후에 딸이 초경을 시작했다. 생리대와 주니어용 위생팬티를 준비해 놔서 정말 다행이었다(동일본 대지진 | 45세 여성. 딸 12세).

☑ 기저귀는 많을수록 안심

기저귀가 부족한 만큼 스트레스도 커진다. 대용품을 생각하는 것보다 우선은 적당량 사두는 것이 중요하다. 또한 스프레이 분무기가 있으면 소량의 물로 손을 씻거나 엉덩이를 닦을 수 있어 편리하다.

> 👤 지진 재해 전날, 우연히 기저귀를 대량으로 사 놓아서 다행이었다(한신 아와지 대지진 | 27세 여성. 아들 3개월).

☑ 비상용 화장실 대신 고양이 모래를 사용할 수 있다

고양이의 배설물은 암모니아 냄새가 강하기 때문에 고양이용 화장실 모래나 시트에는 강력한 탈취 효과가 있다. 고양이가 없어도 비상용 화장실로 사용할 수 있으므로 세트로 준비해 두는 것이 좋다.

> 👤 고양이용 시스템 화장실과 시트, 고양이 모래는 사람도 사용하기 편리하고 냄새도 막아준다(동일본 대지진 | 40세 여성. 딸 10세).

☑ 대형 손수건이나 보자기

기저귀 가방이나 방재 가방에 하나 넣어 두면 정말 편리한 것이 보자기나 대형 가제수건이다. 추위를 막고 붕대나 삼각건 대신 또는 눈가림 용도 등 다용도로 사용할 수 있다.

> 👤 포대기 대신 사용하거나 기저귀를 갈 때 바닥에 깔거나 수유 시에 눈가리개용으로 사용하는 등 대형 손수건이 크게 유용했다(구마모토 지진 | 26세 여성. 아들 1개월).

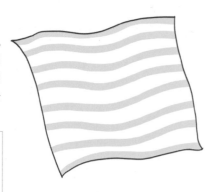

☑ 아기띠는 한 개 준비해 둔다

대피할 때는 가슴에 안는 것이 안전하다고 하지만, 대피 생활을 할 때는 양손이 자유로운 아기띠가 훨씬 유용하다. 평소 사용하고 있는 기저귀 가방이나 유모차 등에 하나 넣어두자.

> 👤 업고 있는 게 훨씬 움직이기 쉬웠다
> (한신 아와지 대지진 | 29세 여성. 딸 5개월).

☑ 요긴하게 사용할 수 있는 배낭

비상용품 가방 이외에도 배낭이 있으면 편리하다. 급수용 봉지를 넣어 짊어지거나 아이를 데리고 구호물품을 받으러 갈 때나 작업을 해야 하는 경우 등 양손을 자유롭게 사용할 수 있어야 훨씬 움직이기 쉽고 안전하다.

> 👤 아이를 데리고 물건을 사러 갈 때 양손에 뭔가 들려 있으면 불편하다. 배낭이 도움이 되었다(동일본 대지진 | 37세 여성. 아들 7세).

☑ 무거운 물건을 나르는 운반 카트

재해가 닥치면 차를 사용할 수 없는 경우도 많아서 손수레나 운반 카트가 있으면 무거운 물건을 옮길 수 있어 편리하다. 또한 평소 자전거를 사용하는 사람은 후크가 달린 끈을 준비해두면 짐받이로 사용할 수 있다.

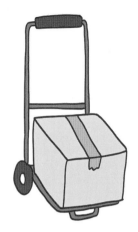

> 👤 급수차에서 물을 받아 집까지 나르는 데 운반 카트가 도움이 되었다(동일본 대지진 | 35세 여성. 딸 9세, 아들 2세).

☑ 비옷과 판초

방수, 방한, 눈가림, 시트 등 용도가 많은 비옷이나 판초는 아이용과 어른용 모두 갖춰 놓자.

> 👤 비옷 덕분에 빗속에서도 작업할 수 있었다(한신 아와지 대지진 | 43세 남성. 아들 10세).

> 👤 차 안에 있던 비옷 덕분에 추위를 견딜 수 있었다(동일본 대지진 | 38세 여성. 딸 1세).

☑ 주방가위와 필러가 활약

단수가 되면 도마와 식칼을 사용하는 것보다 물을 아낄 수 있는 것이 주방가위나 필러이다. 물을 사용하지 않고 조리도 가능하다. 또한 접시에 랩을 깔면 물을 사용하지 않아도 된다.

> 👤 수도를 복구하는 데 한 달이나 걸렸다. 물이 나오지 않아 조리할 때 주방가위가 정말 유용했다. 살균 물티슈로 닦아내면 돼서 편리했다(폭설 | 42세 여성. 아들 7세).

☑ 즉석식품과 통조림을 비축

일부러 비상식량으로 장기 보존 식품을 갖추지 않아도 조리하지 않고 먹을 수 있는 통조림이나 즉석식품은 훌륭한 비상식량이다. 평소 이것저것 먹어 보고 구비해 두면 좋다.

👤 비상식량은 아니지만, 평소 즉석식품이나 통조림을 비축해 두었기 때문에 그것들을 먹으면서 한동안 지냈다(동일본 대지진 | 36세 여성. 아들 8세, 딸 6세).

☑ 채소주스로 비타민을 보충

동일본 대지진 이후 채소 부족이 심각했다. 구호물품에 채소는 거의 포함되어 있지 않아 컨디션 불량이나 변비, 피부염 등을 호소하며 고생하는 사람도 있었다. 채소주스와 분말 녹즙 등을 비축해 두면 좋다.

👤 비타민 부족으로 구내염이 생겼는데 분말 녹즙과 채소주스 덕분에 호전됐다 (동일본 대지진 | 29세 여성. 아들 3세, 2세).

☑ 건조식품과 동결 건조식품

건조식품은 영양가가 높을 뿐 아니라 식이섬유가 풍부하기 때문에 변비 예방에도 도움이 된다. 다양한 동결 건조식품이 나와 있으므로 비타민 부족을 해소하는 데 좋은 것을 준비해 두면 편리하다.

👤 정전이 돼서 냉장고 안에 있는 상할 만한 음식을 서둘러 먹었다. 편리한 것이 건조식품이었다(동일본 대지진 | 26세 여성. 딸 3세, 2세).

☑ 초콜릿이나 사탕, 비스킷

기저귀 가방이나 외출 가방에 사탕이나 과자 등을 넣어 둔다. 외출을 했다가 재해를 당해 밥을 제대로 먹지 못할 때 허기를 달래거나 당분을 섭취할 수 있어 안심된다.

> 👤 단것을 먹으니 스트레스가 다소 완화 됐다. 아이들도 맛있게 먹었다(동일본 대지 진 | 30세 여성. 아들 4세, 딸 2세).

☑ 그림책이나 오셀로 등 아날로그 놀잇감

재해 후 집 안에서 아이들은 남아도는 시간을 주체하지 못한다. 그림책이나 책, 아날로그 게 임기 등 전기가 없어도 즐길 수 있는 것을 준 비한다.

> 👤 재난 후에 정전이 돼서 힘들었는데, 뒷정리를 하는 동안 아이에게 TV나 태 블릿을 보여줄 수 없었다(홋카이도 이부리 동부 지진 | 36세 여성. 아들 4세, 2세).

☑ 재해 시에는 반드시 현금이 필요하다

재해 시에 정전이 되면 체크카드나 신용카드 를 사용할 수 없다. 소액의 지폐와 동전 등 최 소 필요한 현금을 준비해 두자.

> 👤 평소 거의 현금을 갖고 있지 않아 물 건을 살 수 없어 곤란했다(오사카 북부 지진 | 35세 여성. 딸 5개월).

재해 시 도움 되는 앱은 미리 받아둔다

트위터를 통해 고립되어 있는 상황을 전할 수 있었다(폭설 | 35세 남성. 아들 4세).

라디오를 휴대하지 않았지만 휴대폰으로 들을 수 있어서 쓰나미로부터 도망칠 수 있었다(동일본 대지진 | 22세 여성. 딸 1세).

스마트폰은 이제 재해 시에 생명을 지키는 중요한 도구. 앱을 다운받아 두고 충전기를 준비해 둔다

재해를 입었을 때 스마트폰은 생명을 지키는 데 꼭 필요한 도구이다.

구마모토 지진 당시 진원지에서 가까운 마시키쵸 공항 어린이집에서는 LINE을 이용해서 안부를 확인하고, 부족한 물자를 SNS로 알렸다. 물자를 어린이집으로 보내주고, 엄마와 아빠에게 필요한 것을 배포하는 거점으로 어린이집을 활용했다. 친구들과 연결되어 있으면 SOS 메시지를 전달할 수가 있다. 재해 이후 생활로 되돌아갈 때도 스마트폰이 도움이 된다.
동일본 대지진 이후, 재해에 도움 되는 앱이 정말이지 많이 등장해서 고르는 것도 고민일 정도다. 가족에게 필요한 앱을 다운로드받아 실제로 사용해 보자.

한편 주의해야 할 점은 재해 루머이다. 정확하지 않은 정보를 함부로 확산시키지 말고 대형 언론이나 지자체 등에서 발표한 믿을 수 있는 정보인지를 확인하자.
또한 재해 시에는 정전이 되는 경우도 많아 행정기관에서 준비한 충전 거점에는 사람이 많이 몰릴 수 있다. 스마트폰을 사용하기 위해 필요한 충전기는 비상시만이 아니라 평소에도 휴대하도록 하자.

☑ 재해 정보 앱

방재 앱이나 방재 속보 앱, 뉴스 방재 등의 앱을 받아두면 재해 정보를 얻을 수 있어 재해에 대비하는 데 도움이 된다. 또한 방재 속보가 있다면 빠른 대피도 가능하다.

☑ 라디오 앱

라디오를 들고 다니지 않는 경우에도 스마트폰으로 라디오를 들을 수 있는 앱을 다운로드해 두면 편리하다. 월정 요금인 것과 무료인 것이 있으니 사전에 알아둔다.

☑ 대피소를 알려주는 앱

현재 위치나 자택, 우편번호, GPS로 가까운 대피소를 검색할 수 있는 앱이다. 권역 밖이나 오프라인에서도 대피소를 알 수 있으므로 미리 받아둔다. 미리 사용해 보고 대피소 위치를 확인해 두자.

☑ 위치 정보를 알려주는 앱

건물에 갇히거나 무언가에 깔려 있는 등 통신이 곤란한 상황에서는 미리 등록한 상대에게 위치를 알릴 수 있다. 재해 알림판 메뉴가 있는 앱도 있으므로 사용해본다.

☑ 스마트폰 기능을 활용한다

iPhone에는 긴급 SOS 기능이 있어서 패스워드 없이 경찰이나 소방서에 연락할 수 있다. 더욱이 통화가 끝나는 동시에 지정된 연락처로 iPhone 위치를 알려주고 위치가 바뀌면 그때마다 최신 위치 정보를 송신해 준다.

☑ SNS 앱

평소 사용하고 있는 SNS는 재해 시에 안부 확인을 할 수 있는 소중한 도구이며, 라디오와 더불어 소중한 정보원 역할을 한다. 다만 정보의 진위는 그때그때 확인하도록 하자. 또한 응급처치 방법을 알려주는 앱을 받아두면 편리하다.

여성과 아이의 방재

재해 시에는 범죄도 증가한다.
몸을 보호하기 위한 수단을
차근차근 정리해 둔다.

동일본 대지진 당시 모르는 사람끼리 서로 도우며 극복
했다는 얘기도 많이 있었지만, 지진이 일어난 후 택배기사를 가장한 남자
에 의한 강간 사건이 발생했다, 아이에게 말을 걸고 데려가려는 사람이 있
었다, 자전거나 휘발유를 길거리에서 도둑맞는 등의 범죄도 일어났다고 들
었다. 재해가 일어나면 심적 불안감이나 스트레스가 높아져 평소의 3배가
량 폭력 사건과 범죄가 일어난다고 한다. 피해 여성을 위한 핫라인을 개설
한 단체에서는 동일본 대지진 이후에 접수된 폭력이나 강간 등의 상담 건
수는 2개월 만에 약 600건에 달했다고 한다.

정전으로 거리는 물론 집 주변도 완전히 어두워진다. 가능한 한 밤에는 집
밖으로 나가지 않아야 하며 가급적 볼일은 낮에 해결한다. 낮에도 낯선 사
람의 방문에는 주의가 필요하다.

또한 대피소에 설치되어 있는 화장실은 남의 눈에 띄지 않는 장소에 있으
므로 여성이나 아이는 반드시 꼭 누군가와 함께 가는 등 대비를 하도록 하
고 밤에는 가급적 밖에 나가지 않도록 한다.

맞춤형 방재

대체품이 아닌 필요한 것을 준비한다

나는 동일본 대지진 때 미야기현의 차 안에서 재해를 입었다. 다행히 가족도 집도 무사했지만 라이프 라인은 모두 정지되고 휘발유도 없이 물이 나오기까지 약 한 달은 정말 힘들었다.

> 👤 아이를 동반한 가정은 집이 무사하다면 자택에서 대피할 것! 필요한 것을 필요한 양만큼 준비해 두는 것이 무엇보다 중요하다(방재 전문가. 일러스트레이터 아베 나오미).

이후 한동안 방재에 지나치게 얽매이다 보니 스트레스와 트라우마로 필요 이상의 식료품을 사들였고 아웃도어용 휴대용 태양광 패널과 바비큐 세트까지 장만했다. 외출할 때도 핸드백 대신 배낭을 메고 가방 안에도 라디오와 라이터, 물 등을 가득 넣어 마치 비상가방처럼 들고 다녔다. 운동화를 신고 멋도 별로 내지 않게 되었다.

그러다 보니 준비한 식재료는 번번이 기한이 지나 먹을 수 없게 되거나 방재용품으로 창고는 가득 차서 점검할 수도 없고 무엇보다도 방재 대책 용품이 흉물스럽다 보니 미관상 예쁘지 않아 싫증이 났다.

방재에서 중요한 것은 지속하는 것과 부담 없이 즐겁고 기쁘게 해야 한다는 것을 깨달았다. 방재 관련 서적을 집필하고 취재를 하는 동안에 물건을 필요한 만큼 적당량 소유한 미니멀 라이프와 평소 정리정돈하는 것, 비상식이 아닌 평소에 먹을 것을 많이 준비해 소비하면서 대비하는 기분 좋은 생활이야말로 방재 능력을 높인다는 것을 실감했다. 지금은 일상 속에서 할 수 있는 일을 방재 활동에 반영하려고 하고 있다.

취재를 하면서 느낀 것은 많은 엄마 아빠가 쓰나미로 집이 떠내려간 상황을 가정하고 난이도 높은 방재를 고집하고 있다는 점이다. 하지만 지진만 일어나는 경우 집의 내진과 가구 등의 전도 방지 대책이 잘 되어 있으면 목숨을 잃는 일은 드물다. 또한 아이를 동반한 가정은 대피소에 가더라도 아이가 보채거나 배고픔을 참지 못하고 음식 알레르기 문제도 있기 때문에 자택에서의 대피 생활을 더 안심할 수 있다.

최근 방재 관련 책이나 서바이벌 책에서는 '만일에 살아남는 법'이라고 하여 대체품을 만드는 방법을 많이 소개하고 있지만, 내용은 만일의 경우에 필요한 물건을 필요한 양만큼 준비하면 해결할 수 있는 것이 대부분이다.

예를 들어 간이 기저귀를 봉투로 만드는 방법이다. 물론 알아두면 만일의 경우 도움이 될 수도 있겠지만 막상 해보면 새고 짓물러 크게 도움 되지 않는다. 그보다는 기저귀를 한 달 치 준비해 두는 편이 편리하고, 참치 캔을 이용한 냄새 나는 양초보다는 LED 양초나 일반 양초를 준비해 두는 편이 편리하다. 물론 집이 무너지거나 홍수나 토사, 쓰나미로 떠내려갈 위험이 있을 때는 대피소로 대피하는 것이 최우선이다. 미리 준비해 뒀다는 것만으로도 안도감은 훨씬 높아진다. 부디 집에서 안심하고 생활할 수 있도록 준비해 두기 바란다.

우리 집 방재 '머스트' 용품은?

방재에 완벽은 없다.
단, 우리 집에 필요한 방재는
파악할 수 있다

동일본 대지진이 있고 나서 재해를 입은 엄마 아빠의 목소리를 모아 아이가 있는 가정에서 정말 필요한 방재 강좌를 개최해 왔다. 많은 경험담을 듣고 나서 든 생각은, 어린아이를 둔 보호자들에게는 어떤 공통점이 있다는 것이다.

그것은 아이가 걱정된 나머지 쏟아지는 방재 책이나 인터넷 정보에 현혹되어 정작 어떻게 해야 할지 모른다는 점이다. 육아서나 육아에 관련된 다양한 정보에 휘둘리는 것과 비슷하다.

책이나 방재 세트를 참고한다고는 해도 결국은 하나하나 가족에 맞추어 대비하지 않는 한 곤란해질 수 있다. 그러므로 이 책에서 여러 번 강조하고 싶은 말은 체험담을 바탕으로 자신의 가족에게 맞는 방재를 하자는 것이다.

어떻게 하면 우리 집에 필요한 방재를 파악할 수 있을까? 그 키워드는 일상생활 속에 있다. 일상생활 속에서 모든 가족에게 필요 없지만, 우리 아이와 남편, 나에게는 필요한 것. 예를 들어 알레르기 등 평소에 필요한 약이거나 아이가 항상 같이 자는 인형이거나…. 긴급성이 있건 없건 '이것이 없으면 곤란'한 물건은 아이가 있는 가정이라면 필수 아이템이 되는 것이다.

우리 집 상황을 한 번 더 생각해 보자

직업이나 지병,
살고 있는 장소.
그 모든 것이 우리 집만의
방재로 이어진다

아이를 동반한 가정의 방재를 생각할 때, 지금 살고 있는 장소나 엄마 아빠의 직장, 직업, 아이의 성별이나 연령, 지병, 돌봄이 필요한 노인의 유무 등 가족을 둘러싼 모든 것이 중요한 요소가 된다.

후쿠시마의 동일본 대지진 피해자 엄마 중에는 남편이 경찰관이었기 때문에 곧바로 현장으로 달려갔고 한 달 후에나 만났다는 사람도 있었고 쓰나미로 어쩔 수 없이 대피해야 해서 남편의 안부를 모른 채 아이와 둘이서 불안한 밤을 보내다 3일 후에나 남편을 만났다는 사람도 있었다.

엄마나 아빠의 직업이 의사나 간호사, 소방관, 경찰관처럼 재해가 일어나면 현장에 나가 구조 업무를 담당해야 하는 상황에 놓이는 가족은 어떤 식으로 재해 후의 생활을 극복할지를 미리 부부간이나 서포트를 해주는 사람들과 잘 상의해 둘 필요가 있다. 또한 엄마와 아빠의 직장이 집에서 멀 경우에는 재해 시 귀가할 수 있는지의 여부, 귀가할 수 없다면 귀가할 수 있는 사람은 어떻게 대응할 것인지, 귀가할 수 없는 사람은 직장에서 지내기 위한 준비가 필요하다. 재해가 일어나는 시간대, 재해의 종류, 장소 등에 따라 맞춤형 대비가 필요하다.

우선 생활 속에서, '지금 지진이 오면 우리는 어떻게 될까?'에 대해 가족이 함께 생각해 보는 것이 중요하다. 그리고 어떻게 대비해야 할지 구체적으로 논의해야 한다.

☑ 아이의 연령에 맞게 대비한다

아이의 성장은 빠르다. 준비해 놓은 방재용품도 아이의 성장에 맞춰 수시로 재점검하고 교체할 필요가 있다. 특히 신발은 구호물품으로는 받기 어려운 만큼 사이즈가 맞지 않으면 다치기 때문에 작아지면 바로 교체하도록 하자.

혹시라도 지금 재해가 오면?

☑ 도심에 사는 사람은 휴대품을 점검한다

지하철이나 빌딩 안에서 당하는 재해를 상정하고 물이나 모바일 배터리 등은 항상 휴대하도록 하자. 또한 도심으로 출근하는 사람은 귀가 난민이 될 가능성을 생각하고 대비하자.

👤 스마트폰 전원이 꺼져 어찌할 바를 몰라 쩔쩔맸다(동일본 대지진 | 27세 여성. 아들 5세).

☑ 교외 거주자는 휘발유를 가득 채운다

교외에 살고 있는 사람은 비상시에 자동차가 방재 거점이 된다. 휘발유는 절반이 되면 꼭 가득 채워둔다.

👤 근처 편의점에 식료품이 동이 났기 때문에 멀리까지 가야 했지만 휘발유가 부족해 자전거로 사러 가서 힘들었다(구마모토 지진 | 36세 여성. 딸 8세, 2세).

☑ 단독주택 거주인가 아파트 거주인가

거주 형태에 따라서도 필요한 대비나 피난 방법이 다르니 상황별로 검토할 필요가 있다

> 👤 단독주택은 강의 범람으로 침수가 걱정돼서 근처 아이 친구네 아파트로 대피했다(2018년 7월 호우 | 37세 여성. 아들 2세, 딸 1세)

> 👤 타워 아파트에서 살아 한동안 엘리베이터를 이용하지 못해 물이나 식량을 계단으로 옮기는 것이 너무 힘들었다(동일본 대지진 | 45세 여성. 딸 10세).

☑ 아이 옷은 자주 교체해 넣어둔다

아이의 성장은 빠르기 때문에 방재 가방에 넣어둔 옷과 신발 등은 반년에 한 번씩 교체해 둔다.

> 👤 오래전에 비상가방을 준비한 게 있어서 지진이 일어났을 때 무작정 들고 나왔더니 아이 옷이 작아져서 어른 옷을 입혔다(한신 아와지 대지진 | 34세 여성. 딸 4세).

☑ 고령의 가족은 어떻게 대피시킬까?

고령자가 있는 경우에도 대피 방법을 미리 검토해야 한다. 또 안경이나 상비약, 약 수첩, 틀니, 틀니 세정제, 기저귀 등 넉넉하게 비축하여 대피 생활에 대비하자.

> 👤 돌봄이 필요한 아버지가 있었기 때문에 대피소로 대피하는 게 어려워 반쯤 무너진 집에서 지냈다(동일본 대지진 | 26세 여성. 딸 1세).

☑ 콘택트렌즈를 끼는 사람은 안경은 필수

평소 콘택트렌즈를 착용하는 사람도 재해 시에는 안경이 편리하다. 여분으로 비상가방에 넣어두도록 하자. 또한 직장에서 귀가가 곤란해질 가능성이 있는 사람도 사무실에 안경을 하나 놓아두도록 한다.

> 👤 취침 중에 지진이 나서 일단 밖으로 나왔지만 안경이 없어서 곤란했다(동일본 대지진 | 32세 여성. 딸 3세).

☑ 물티슈는 충분한 양을 준비한다

재해 시에는 단수가 되는 일이 많으니 물티슈나 아기 물티슈를 넉넉히 비축해 두면 편리하다. 오래 방치하면 수분이 날아가니 쓰면서 수시로 보충하자.

☑ 아로마오일을 여러 병 준비한다

아로마오일은 냄새로 인한 스트레스를 풀어주는 효과가 있다. 먹어도 괜찮은 것도 있고 항균작용이 있는 티트리 등은 양치나 손 씻는 물에 몇 방울 떨어뜨려 사용하면 감염증도 예방해 준다.

> 👤 목욕을 오래 못하는 경우는 물티슈에 아로마오일을 소량 떨어뜨려 몸을 닦으니 체취도 덜 신경 쓰이고 기분도 상쾌했다(동일본 대지진 | 31세 여성. 딸 2세).

☑ 휴대용 화장실은 사용 가능한 것을

휴대용 화장실은 다양한 유형이 있지만 실제 사용 가능 여부를 미리 시험해 보고 나서 준비하자. 또한 성인이 사용할 경우는 비옷 등 가릴 수 있는 것을 함께 준비해 둘 필요가 있다.

> 👤 휴대용 화장실을 준비했지만, 여아에게 맞지 않는 모양이어서 샜다(동일본 대지진 | 31세 여성, 딸 5세)

☑ 물 운반은 짊어질 수 있는 것을

세트로 판매하는 비상가방에도 구비되어 있는 워터백. 중요한 것은 실제로 운반할 수 있는지의 여부다. 여성이라면 짊어질 수 있는 것이 가장 좋다.

> 👤 워터백을 준비했지만 막상 급수시설에서 물을 받으니 너무 무거워서 옮길 수가 없었다(동일본 대지진 | 27세 여성, 딸 3세).

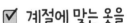

☑ 계절에 맞는 옷을

아이들의 경우 계절이나 해마다 옷을 교체할 필요가 있다. 여름에는 땀을 많이 흘리므로 충분한 양의 의류가 필요하다. 겨울 의류는 부피가 크기 때문에 속옷 등 더러워지는 것을 중심으로 준비하고 방한용품은 별도로 준비하는 등 계절에 맞춰 대비한다. 속옷은 흡수성, 속건성이 뛰어난 얇은 면 소재를 추천한다.

아기가 있으면 기저귀 가방을 기본으로 준비한다

아기용품은 평소대로 대비한다. 기저귀 가방은 플러스 α로 꼼꼼하게 대비한다

방재 가방이라고 하면 비상가방, 1차 대피가방, 2차 대피가방으로 세분화해서 준비해야 한다고 생각하기 쉽지만 어린아이가 있는 가정에서는 자택 대피가 기본이다. 집의 몇 군데에 충분한 양을 비축해 두는 것이 중요하다. 비상가방은 현관에 놓아둔다.

또한 아기가 있는 가정에서는 기저귀 가방이 그대로 비상가방이 된다. 평소 기저귀 가방의 내용물을 확인하고 비상시에 필요한 용품을 보충해 둔다. 사용한 것은 바로 보충하고 외출지에서 재해가 일어나도 당황하지 않게끔 준비해 둔다.

☑ 기저귀 가방 내용물 확인

- ☐ 기저귀 파우치
- ☐ 수유용 케이프
- ☐ 갈아입을 옷 한 벌
- ☐ 턱받이, 수건, 가제
- ☐ 물티슈
- ☐ 비닐봉지
- ☐ 모자수첩과 건강보험증
- ☐ 담요

☑ 플러스 α의 개념

평소 사용하고 있는 가방 외에 필요한 경우 젖병 세트를 준비한다. 재해 시에는 젖병을 소독할 수 없는 경우도 있으므로 종이컵이나 숟가락으로 수유하는 방법 등도 알아두면 좋다.

☑ 수유 세트를 방재 사양으로

평소 모유 수유를 하는 사람이든 우유를 먹이
는 사람이든 수유를 평소대로 할 수 있도록
연습하고 필요에 맞게 우유 세트를 준비하자.

☑ 포대기나 갈아입을 옷 등

여름에는 특히 갈아입힐 옷을 많이 준비하고
포대기나 대형 스카프 등을 넣어두면 좋다.
만일의 경우를 위해 아기띠도 하나 추가로 넣
어두면 좋다.

☑ 물이나 이유식 쿠키 등

아기는 비상시에도 배고픔을 참는 것이 어렵
기 때문에 이유식을 시작한 경우는 이유식이
나 주스 등을 좀 넉넉히 준비하자.

☑ 기저귀나 물티슈

기저귀나 물티슈는 대피소에서 충분히 지급
되지 않는다. 집에는 한 달분 더 많이 비축해
두고 기저귀 가방에도 넉넉히 준비해 두면 안
심이다.

아이가 있는 가정은 여행가방을 기본으로 준비한다

아이를 동반한 가정은 자택 대피가 기본이다. 그렇다고는 해도 홍수나 쓰나미 피해 등으로 집에서 대피해야 하는 경우를 생각해서 필요 최소한의 비상가방을 준비하도록 하자. 아이가 있는 가정에서는 시판하는 세트가 아니라 가족 여행을 떠나는 형태로 준비한다. 가방은 아이를 안고 대피하는 것을 고려해서 배낭이 가장 좋다. 지금까지 여행을 가면서 필요했던 것을 떠올리며 짐을 싸보자.

짐 싸기가 끝나면 비상시에 추가로 필요한 용품을 잘 검토해야 한다. 여름이라면 더위 대책, 겨울이라면 방한 대책을 잊지 않도록 하자.

비상가방은 가족 여행을 위한 짐 꾸리기. 가지고 다닐 수 있는 무게를 고려한다

가방이 완성되면 아이를 안은 상태에서 짊어져 보기 바란다. 실제로 대피소까지 그 상태로 걸을 수 있는지 확인해 보는 것이 중요하다.

방재 강좌에 오는 엄마 아빠 중에서 하루에 성인 2리터의 물이 필요하다고 해서 비상가방에도 2병을 넣었다는 사람도 꽤 있는데 실제로 4리터의 물과 짐 그리고 아이를 안고 대피하는 일은 남성에게도 꽤 중노동이다.

일반적으로 필요하다고 하는 방재 리스트에 너무 얽매이지 말고 평소 우리 아이에게 필요한 물건을 가지고 다닐 수 있는 양을 대비해 둔다.

☑ 여행 가방에 플러스 α 해야 할 아이템

☐ 수건	☐ 우비, 우산
☐ 헤드라이트	☐ 비닐 팩
☐ 쿠키 등 식료	☐ 트럼프나 장난감
☐ 슬리퍼	☐ 경량 다운재킷
☐ 담요	☐ 냉각 젤
☐ 물	☐ 일회용 핫팩 등
☐ 휴대용 화장실	

가급적 1인당 하나의 가방을 준비하자. 우선 첫 번째부터 시도!

임산부는 입원용품도 챙긴다

👤 출산 준비로 친정집에 가던 중에 재해를 당했다. 입덧이 심해서 비상식량을 먹지 못해 영양실조에 걸렸다(구마모토 지진 | 24세 임산부).

👤 만삭에 외출했다가 재해가 닥쳤다. 쓰나미가 밀려와서 그대로 대피소로 대피했지만 언제 태어날지 모르는 상황에서 아무런 준비도 하지 못한데다 병원이 무사한지도 몰라서 아기가 태어날까봐 걱정됐다(동일본 대지진 | 38세 임산부. 아들 2세).

👤 임신 중에 재해를 입었다. 도망을 가다가 쓰나미 물이 허리까지 찼지만 이후 목욕을 하지 못해 결국 방광염에 걸렸다. 비위생적인 상황이 계속되어 아기에게 지장이 있을까 봐 걱정됐다(동일본 대지진 | 34세 임산부).

임산부의 경우는 임신 초기라면 입덧 대책, 후기라면 입원 용품을! 임신 시기에 맞춰 대비한다

임산부의 경우 재해가 닥치면 대피하는 데도 시간이 걸리고 그 후의 대피 생활에서도 컨디션을 챙기는 것이 무엇보다 중요하다. 또한 재해가 일어나면 주치의에게 진찰받을 수 없는 환경에 놓일 수도 있다. 그런 점까지 염두에 두고 만일의 경우를 위해 대피가방을 준비해 두고 평소 들고 다니는 가방 안에도 임신 시기에 맞춰 필요한 물건을 채워두자.

특히 모자수첩은 근처에 외출할 때도 휴대하고 분실하지 않도록 유의한다. 임신 후기인 사람은 신생아용 기저귀와 속옷, 젖병, 입원에 필요한 용품들은 미리 구비해 둔다.

☑ 아기용품도 완벽하게 준비한다

임신 중이나 출산 후에는 필요한 물건을 대피소에서 구하기 어렵기 때문에 많은 비축해 두도록 신경 쓰자. 임신 후기인 경우에는 계절에 관계없이 몸을 따뜻하게 보호하는 상품이나 위생용품을 반드시 구비하자. 특히 모자수첩을 잊어버리지 말고 꼭 챙겨 다닌다.

☑ 분만에 대비한다

출산까지 아직 시간이 남았다고 해도 재해에 닥치면 무슨 일이 일어날지 알 수 없다. 원피스로 된 파자마, 편한 바지, 수유용 브래지어, 모유 패드, 임산부용 패드 등 입원에 필요한 용품을 세트로 준비하자.

모유 패드

푹신푹신 출산 패드

오래된 정보에 구애받지 않고 대비한다

방재 이미지를 고집하지 말고 필요에 맞게 무리 없이 대비할 것을 권장한다

음~ 맛이 없어.....

재해를 입은 엄마 아빠를 취재하던 중 건빵이 비치되어 있었지만 퍽퍽해서 아이들의 입맛에는 맞지 않아 전혀 먹지 않았다는 얘기도 있었다.

건빵, 장기간 보존 가능한 빵, 알파미(米) 등 방재라고 하면 아무래도 연상되는 비축품이 있겠지만, 즉석식품 등도 여러 종류가 나와 있어 비상식만큼은 아니어도 장기간 보존할 수 있다. 각종 재난재해가 증가하고 있는 요즘 다양한 비상식이 출시되고 있어 맛있게 먹을 수 있는 음식이나 편리한 용품도 많이 나와 있다. 일부러 맛없는 것, 사용하기 어려운 것을 고르지 않아도 쾌적하게 지낼 수 있는 비축품을 구비할 수 있다. 시판되는 방재 세트도 예전 내용물 그대로 답습한 것이 많고 맞춤 사양과는 거리가 멀다. 또한 실제로 휴대용 화장실을 사용하려면 사람의 눈을 피해야 한다는 사실을 알았고 우유가 없어서 쌀을 미음으로 만들어 먹여봤는데 전혀 먹지 않았다는 체험담도 있었다.

방재용품이나 비축용품과 관련해서는 낡은 지식에 얽매이지 말고 정확한 정보를 업데이트해서 아이의 연령에 맞게 바꿔나가는 것이 최선이다. 생활 속에서 지속하려면 번거롭게 여길 게 아니라 육아를 편리하게 하는 방법을 찾는다는 생각으로 일상 생활화하는 것도 중요하다.

☑ 사용하기 편리한 용품을 구비한다

기존의 방재 개념에 얽매이지 말고 지금 쓰고 있는 익숙한 용품과 음식을 선택한다. 먹고, 쓰고, 우리 집에 맞는 비축품을 갖추자. 우리 집에 맞는 비축품이 뭔지 모르겠다는 사람은 이 책에 나오는 이재민의 체험담을 확인하고 '나라면 이것이 필요할 것 같다'고 생각되는 것을 구비해 보자.

☑ 즉석식품이나 통조림은 편리하고 맛있다

비상식이라고는 해도 결국 먹는 것은 자신과 우리 아이이다. 굳이 맛없는 식품을 구비할 필요는 없다. 평소 자신이나 아이의 입맛에 맞는 것을 찾아보자. 즉석식품 중에서도 알레르기 무농약, 유기농 제품도 있다. 기호에 맞게 시도해 보자.

☑ 분말이나 건조식품은 비축하기에 최적

요리를 할 수 있는 환경이라면 밀가루나 핫케이크 분말 가루, 동결 건조 채소, 건조 두부 등 말린 식품이 유용하다. 특히 재해 후에는 식재료를 구하지 못해 채소를 충분히 섭취하기 힘든데 동결 건조 식재료나 건조식품은 영양가가 높을 뿐 아니라 비타민이나 식이섬유도 풍부하다.

집에 대하여 생각해야 할 점

지반의 강도 및 재해에 강한 지형인지를 확인하고 대책을 세운다

지금 사는 집이나 아파트의 안전성을 높이는 동시에 집이나 아파트 구매를 검토하고 있는 사람은 사전에 체크할 포인트가 몇 가지 있다.

우선, 매입을 검토하고 있는 토지의 지반이 강한지 아닌지, 재해에 강한지 아닌지를 확인한다. 자치단체 사이트에서 확인할 수 있는 해저드 맵이나 오래된 지형도에서 확인할 수 있다.

또한 집의 설비나 방 배정에 대해서도 재해를 생각해서 가스로 할 것인지, IH로 할 것인지, 만일에 대비해 대피 경로를 확보할 수 있도록 방이 배치되어 있는지, 엘리베이터가 멈춰도 도망갈 수 있는지 등 안심하고 사는 데 필요한 사항들을 꼼꼼하게 검토할 필요가 있다.

☑ 방은 숙고해서 배치하자

지금 사는 집의 방과 방의 동선과 대피 경로를 다시 한번 확인하자. 또한 앞으로 주문 주택을 지을 사람은 지반 확인과 더불어 재해에 강한 구조인지 생각해 보자. 아파트를 살 예정인 사람도 유사시 어떻게 대피할지를 생각하고 구매를 검토하자.

☑ 그 땅의 토지는 성토? 아니면 절토?

구릉지를 조성할 때 경사면을 깎고 나서 패인 자리에는 흙을 메우기 때문에 깎은 토지(절토)와 메운 토지(성토)의 지반 강도에 차이가 난다. 토지를 구입할 때는 현 국토지리원의 지형도와 도서관에서 얻을 수 있는 전 육군참모본부의 측량 지도 등 오래된 지도를 비교하여 확인하자.

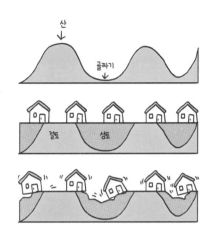

☑ 전자레인지는 IH인가 아니면 가스인가

재해가 일어나도 전기는 비교적 빨리 복구된다. 그러나 홋카이도 이부리 동부 지진 때 대규모 블랙아웃이 발생해서 이틀간 거리가 어둠에 휩싸였다. 직화식 가스인지, IH(유도 가열 방식)인지, 일상생활의 안전성을 고려하여 선택하고 플러스 α로 휴대용 가스버너나 IH 히터 등을 비치하자.

☑ 거주지는 재해에 강한 지역인가

살고 있는 땅의 지반이 강하고 내진이나 면진에 뛰어난 건물에 살고 있어도 해발이 낮거나, 강이나 산 근처에 집이 있다면 신속한 대피 방법을 검토할 필요가 있다. 자치단체에서 구할 수 있는 해저드 맵을 통해 쓰나미나 침수, 산사태, 액상화 가능성에 대해 확인해둔다.

아이를 동반하는 방재는
즐기면서 하는 것이 기본

재해에 대한 의식이 급격히 높아지는 가운데 많은 엄마 아빠가 '방재, 하지 않으면 안 되니까 참석했다'는 불안한 표정으로 방재 강좌에 온다.

마마플러그는 '방재 제로를 제로로 한다'는 것을 목표로 활동하고 있지만, 다시 말하면 완전한 방재를 목표로 하는 것이 아니라는 점이다.

대체 얼마나 해야 아이의 생명을 지킬 수 있을지 모르겠고, 방재에 임할수록 불안해진다는 불안의 소리도 있지만, 방재도 육아의 일환이다. 한꺼번에 모든 대비를 하기에는 부담도 되고 돈도 시간도 걸리고, 아무리 해도 완벽해지지 않아 힘들어진다. 하지만 강좌에 온 엄마 아빠의 이야기를 듣다 보면 준비되어 있는 것은 확실히 있다. 그 점에 눈을 돌릴 것. 지금 준비된 것을 다시 생각해 보는 것이 중요하다.

예를 들어 만일에 대비해 즉석식품을 비축해 두는 것만으로도 훌륭한 방재라는 점을 전하면 엄마 아빠들의 얼굴은 금세 밝아진다. 돌아가는 길에 할인점에서 방재용품을 보고 가겠다며 활기차게 돌아서는 모습을 보면 매우 안심이 된다.

나 자신도 어느 순간 단숨에 방재 능력을 높인 게 아니라 한 걸음 한 걸음 조금씩 쌓아왔다. 원래 방재 의식은 높지 않았지만 아이가 태어난 것을 계기로 조금씩 대비하게 되었다.

아이들이 각각 5세, 2세, 1세 때에 동일본 대지진이 발생했다. 같은 방에 있던 위의 두 아이는 내 손으로 지킬 수 있었지만 다른 방에서 자고 있던 막내 곁으로 갈 수 없어 격한 흔들림이 가라앉고 나서 겨우 기어서 갔다. 다

방재 비결은 의무감에 어쩔 수 없이 하는 것이 아니라 아이와 함께 즐기면서 임한다

특정비영리활동법인 마마플러그 이사 · 액티브방재사업
부대표 방재전문가_**미야마루 미유키**

행히 떨어진 물건이 없어 막내는 무사했지만, 같은 집에 있어도 당장 구하러 가지 못한 사실에 아연실색했다. 이 일을 계기로 새삼 방재의 소중함을 깨달았다.

그렇다고는 해도 의식적으로 노력하는 방재는 계속되지 않았다. 마마플러그를 만나고 방재에 대한 의식이 확 바뀌었다. 방재는 억지로 참고 견디면서 노력하는 것이 아니라 가족이 즐기면서 하는 것임을 깨달았다.

지금 초보 엄마 아빠 중에는 큰 지진을 아직 경험하지 않아서 자각하지 못하고 있는 사람도 꽤 있다. 실제로 지진이 일어나면 어떨지 상상조차 하기 힘들다고 말하는 사람도 많은데, 그것은 당연하다. 이 책에서 선배 엄마 아빠의 체험담을 읽으면서 놀이를 통해 즐겁게 방재에 임하길 바란다.

우선은 지금 할 수 있는 것부터 시작해 보는 것이 중요하다. 식사 때 전기를 끄고 랜턴이나 양초 불빛 아래에서 먹어보거나, 가족이 모여 거실에서 침낭에서 자보고, 즉석식품을 비교해 먹어보기도 하고, 막상 지진이 났을 때 몸을 보호하는 자세를 함께 취해 보는 등 할 수 있는 것은 많다.

중요한 것은 무리하지 않는 것. 그리고 가족이 함께 즐기는 것. 이 점을 꼭 의식하고 실천하기를 바란다.

방재 의식을 갖고 자신이 선택한다

　방재는 아주 사소한 깨달음에서 한 발 내딛는 것이다. 예를 들어, 편의점 입구에는 '재해 시 귀가 지원 스테이션'이라는 노란색 스티커가 붙어 있는데, 이것은 재해 시에 편의점은 귀가가 곤란한 사람을 위해서 화장실이나 휴게 장소 등의 정보를 제공하는 방재 거점이라는 표식이다. 눈에 띄는 장소에 붙어 있는데 별로 의식하지 않을 때는 전혀 눈에 들어오지 않다가도 내 마음속에서 방재 의식을 깨우는 순간 정보가 들어오게 되고 필요한 것들이 보인다.

　최근 재해가 끊이지 않고 있기 때문에 '뭔가 대비해야지'라고 마음 먹은 엄마 아빠 중에도 긴급 시에 자치단체에서 물이나 식량을 배급해 주니까 괜찮겠지, 일단 대피소에 가면 어떻게든 되겠지 생각하는 사람이 많지만, 사실 자치단체의 방재 창고에는 충분한 양의 구호물자가 없다. 그렇기 때문에 직접 대비할 필요가 있는 것이다.

　그럼 왜 수동적인 자세가 되는가 하면 공포심을 키우는 것, 신변의 위험을 느끼는 것에 대해서는 스스로 깊이 생각해서 선택하는 것보다 아무래도 수동적으로 되는 것이 사람의 심리이기 때문이다. 그래서 엄마 아빠에게 전하고 싶은 이야기는 방재의 목적은 방재가 아니라는 점이다. 목표로 하는 것은 안심하고 가족끼리 웃고 지낼 수 있는 일상이지, 공포에 사로잡혀 행정에 맡기거나 운에 맡길 일은 아니다. 중요한 것은 맞춤방재의 실현이다. 시판된 방재 가방을 사놓고 일단 방재 준비를 마쳤다고 안심할 게 아니라 자신이나 자신의 가족에게 만일의 경우에 필요한 것, 소중한 것이 무엇인지를 곰곰이 생각해 보는 것이다.

'방재도 육아도 맞춤형'
남들과 달라도 된다.
나답고 자신과 가족에게 필요한
것이 무엇인지를 생각하고 움직인다

특정비영리활동법인 마마플러그
이사 · 퍼실리테이터 육성 코치_**코구레 유미코**

다른 사람이나 다른 집과 달라도 상관없다. 우선 자신의 가족이 무사히 살아남고, 라이프 라인이 복구될 때까지 안심하고 생활하며 지낼 수 있는 상태를 개인별, 가족별로 만드는 것이다.

자조(自助)를 실현하는 것에는 큰 의미가 있다. 그것은, 자신의 힘으로 살아남은 가족이 늘어나면 다른 사람에게 도움을 줄 수가 있다. 살아남은 가족이 늘어나면 구조의 손길을 더 필요한 다른 곳으로 돌릴 수 있다. 공조(共助)의 고리는 자조가 이루어져야만 성립할 수 있다. 나아가 더 앞에 공조(公助)가 있다.

마마플러그에서는 'THE 방재 리스트'라는 것을 배포하지 않고 있다. 대신 우리 집의 오리지널 리스트를 작성하게끔 한다. 우리는 이웃과 달라도 된다는 인식이 중요하기 때문이다. 가정마다 정말 필요한 것은 다르다. 가족 구성이나 애완동물의 유무, 취향이나 습관에 따라 10인 10색이다. 우선은 자신의 방재 의식을 일깨우고 가족을 위한 맞춤 방재를 실현하는 것. 그것이 아이를 동반한 방재의 핵심축이 된다.

방재를 남에게 맡기지 않고, 살아남은 가족이 되는 것. 그것을 목표로 가족이 함께 방재에 임하길 바란다.

반려동물의 방재

애완동물도 소중한 가족.
대피 방법과 용품을
검토하자

반려동물을 대피소에 데려가는 것은 상당히 곤란하다. 최근에는 동반할 수 있는 대피소도 증가하고 있지만 반드시 동행하는 것이 최선이라고는 할 수 없다. 가능하면 안전한 장소에 텐트를 치거나 차량이나 자택 대피로 안전하게 지낼 환경을 만들어야 한다. 만일에 대비해 가족과 함께 논의해 두자. 마이크로 칩과 반려동물 인식표를 장착하는 것도 중요하다. 특히 최근에는 처음부터 실내에서 지낸 고양이가 지진의 흔들림에 놀라 창문에서 뛰어내려 실종된 사례가 증가하고 있다. 찾을 때까지 걱정돼서 힘들었다는 체험담도 있다.

동반 대피할 때 휴대용 케이지를 들고 달리기는 힘들기 때문에 배낭을 추천한다. 사료나 고양이 모래, 애완동물 시트는 구호물품에 포함되지 않는 경우가 많기 때문에 충분한 양을 준비하자. 또한 수달이나 올빼미 등 희귀 애완동물을 기르고 있는 사람도 애완동물에 맞는 준비가 필요하다. 각 자치단체의 규칙을 잘 확인하고 주인이 책임지고 애완동물을 지키도록 하자.

한 걸음 더
실천하는 방재

가족의 규칙을 만들자

동일본 대지진 당시 이재민 모자를 지원한 단체가 2011년 9월에 실시한 피해자 의식조사에서 지진에 의해 관계가 더 돈독해졌다고 대답한 가족도 있고, 부부 사이가 나빠져 이혼한 경우도 있었다. 부인은 집에서, 남편은 직장에서 재해를 당했다는 한 엄마는 여진 속에서 아기를 안고 불안한 시간을 보내면서 남편에게 연락이 없어 불안하고 초조했다고 한다. 남편이 어차피 집에 돌아갈 수 없게 되자 직장 사람들을 위해 고군분투했다는 사실을 나중에 듣게 됐다고 한다. 그 마음은 알지만 비상시였던 만큼 어떻게든 가족을 위해 나서주기를 원했는데, 서운한 마음이 가시지 않아 부부 사이에 메울 수 없는 틈이 생겼다고 한다.

힘든 상황을 가족끼리 이겨내기 위해서는 규칙을 만드는 것이 중요하다

재해를 겪고 나서 부부나 가족의 유대가 강해지거나 약해지는 차이점은 재해 직후의 혼란과 불안, 어려움을 함께 극복했다는 동지 의식의 여부에 달려 있지만, 다른 한편으로 서로의 대응에 불만을 가질 수도 있다.

집이 쓰나미에 휩쓸려 아이와 둘이 집을 떠나 고지대 대피소로 갔다. 남편의 안부를 몰라 불안해서 큰 혼란에 빠진 사례도 있었다.

만약 함께하지 못한다면 각자가 어떤 식으로 대응할지 재해별로 대응 방안에 대해 가족끼리 규칙을 정해두고 온 가족이 공유하도록 하자.

쓰나미 경보 때 집은 위험해

고지대 대피소에서 만나자

☑ 171을 사용하도록 하자

인터넷 회선이 끊어지거나 전화가 불통일 때 의지가 되는 것은 재해 전언 다이얼(171)이다. 공중전화에서 무료로 걸 수 있어 지침에 따라 조작하면 30초 전언을 남길 수 있다. 가족 전원이 공중전화 위치를 확인하고 아이에게도 사용 방법을 가르치자.(일본의 사례)

☑ 171을 미리 이용해 보자

가족 모두 171을 체험 삼아 이용해 보자. 매월 1일, 15일 0시~24시나 정월 사흘간 방재 기간(8월 30일 9:00~9월 5일 17:00), 방재와 자원봉사 주간(1월 5일 9:00~1월 21일 17:00)에 체험하는 것이 가능하다.(일본의 사례)

☑ 재해별로 최종 집합 장소를 정한다

재해가 일어나면 시간이 걸리더라도 가족이 한 장소에 반드시 모일 수 있도록 최종 대피 장소를 정해두자.

> 👤 해변에 집이 있어 고지대에 위치한 시댁에서 만나기로 정해뒀기 때문에 남편과 무사히 합류할 수 있었다(동일본 대지진 | 32세 여성. 아들 5세, 3세).

☑ SNS 계정은 여러 개 만들어 두자

전화가 연결되지 않을 때 비교적 연결이 수월한 것이 SNS이다. 페이스북이나 트위터 등에 '무사해요. 집에 있어요'라는 한 마디로도 안부를 확인할 수 있을 뿐 아니라 자신이 있는 위치를 알릴 수도 있다.

☑ 연락 거점은 여러 곳에 마련한다

먼 곳에 사는 친척 등의 연락처를 메모해 두자.

> 👤 어린이집의 전화가 연결되지 않아서 인근에 사는 친정에 전화로 연락했다. 어머니로부터 어린이집에 전화를 걸어 아이의 안부를 확인했다(동일본 대지진 | 29세 여성. 딸 5세).

방재 놀이를 하자

👤 테이블 아래에 숨으려고 했는데 발밑에 물건이 있어서 들어가지 못했다(동일본 대지진 31세 | 여성. 딸 4세).

👤 한밤중에 일어난 지진으로 아들이 충격을 받아 내 옷자락을 놓아주지 않아 화장실에 가는 것도 힘들었다(동일본 대지진 | 35세 여성. 딸 10세, 아들 3세).

놀면서 예행 연습을 해두면 만일의 경우에도 아이가 무서워하지 않고 안심하고 지낼 수 있다

재해 상황을 가정하고 아이와 함께 할 수 있는 것이 방재 놀이이다. 추천할 만한 것은 비상식량이 떨어져 갈 시점에 방재 놀이를 한다. 집의 전기를 모두 끄고 램프 불빛과 방재용품만으로 하룻밤을 보내보는 것이다. 트럼프나 아날로그 게임을 하며 가족이 함께 시간을 보내고, 재해에 대비해 놀이 삼아 시뮬레이션을 체험해 두면 '아, 저거 오늘 할 거야'라고 아이가 스트레스를 받지 않고, 어른도 초조해하지 않고 대응할 수 있다.

또한 비상식을 먹어보고 아이 입맛에 맞지 않는 것이나 먹기 힘든 것도 확인할 수 있다. 흔들림이 왔을 때 몸을 지키는 방법에 대해서도 온 가족이 함께 놀면서 배워두면, 지진이 왔을 때 아이의 스트레스를 줄여준다. 방재 놀이를 해보면 가족에게 필요한 방재용품이 뭔지 알 수 있으므로 꼭 놀이 삼아 우리 집의 재난 관리 대책을 세우기 바란다.

☑ 지금 지진이 나면? 이라고 생각해 본다

진도7의 큰 지진이 일어나면 같은 집에 있다고 해도 아이가 있는 곳으로 달려가는 것은 불가능하다. 지진이 일어났을 때, 아이가 스스로 몸을 지킬 수 있도록 시뮬레이션해 보자.

> 👤 내가 쇼핑하러 나갔을 때 지진이 났다. 집에 있던 아이가 걱정됐다(동일본 대지진 | 40세 여성. 딸 10세).

☑ 전기나 수도, 가스를 사용하지 않고 지내본다

수도나 전기, 가스 등 실제로 사용할 수 없다면 어떻게 되는지 놀이처럼 체험하고, 방재용품을 다시 점검해 보자.

> 👤 지진이 일어난 첫날 밤. 정전 속에서 손전등이 하나밖에 없어 누군가 화장실에 가면 거실이 완전 암흑처럼 어두웠다(동일본 대지진 | 37세 여성. 딸 11세, 아들 7세).

☑ 비상식량을 먹어보고 방재용품을 사용해본다

어린아이는 배고픔을 참기 어렵다. 만일에 대비해 조리법을 포함해서 비상식을 먹어보자.

> 👤 비상가방에 통조림을 넣어 뒀지만 중요한 따개가 없어서 먹지 못했다(동일본 대지진 | 24세 여성. 아들 5세).

> 👤 비상식 사용법을 몰랐다(동일본 대지진 | 28세 여성. 딸 2개월).

방재 피크닉을 떠나자

> 🧍 대피소로 향하는 길에 전봇대가 쓰러져 있어 통행이 불가능했다. 다른 길을 몰라서 대피소에 도착하기까지 시간이 걸렸다(한신 아와지 대지진 | 37세 여성, 아들 7개월).

**피크닉을 즐기면서
위험을 사전 점검한다.
온 가족이 방재력을 높이자**

집이 무너지거나 아파트가 기울어져서 위험하다고 판단되면 대피소나 차 안에서 지내야 할 수도 있다. 사전에 차 안에서 머무를 곳이나 대피 장소를 확인해 두자.

또한 대피 장소가 어디인지 안다고 해도 막상 그 장소까지 걸어가 본 사람은 적을 것이다. 부디 피크닉을 겸해서 아이와 함께 대피소까지 걸어보기를 바란다.

오사카 북부 지진에서는 넘어온 담벼락에 끼어 9세의 여아가 사망했다. 대피소로 향하는 경로에 위험한 담이나 곧 무너질 것 같은 낡은 가옥, 자판기 등이 없는지 아이와 함께 위험 요소를 확인하면서 걸어본다. 용수로나 강가 옆으로 수해 시에 지나갈 수 있을지, 해저드 맵을 통해 몇 가지 루트를 확인할 필요가 있다. 지도에서는 보이지 않는 진짜 위험이 보일 것이다.

또한 아이들과 함께 통학로를 걸어보면서 위험을 체크해 두면 안심된다. 작은 언덕을 목적지로 하여 걸어보는 것도 추천한다. 평소 비포장도로를 걸어 다니는 것에 익숙지 않은 도시 아이들의 다리와 허리를 단련시켜 준다.

만약 지진이 일어나면…

자판기는 위험해

담벼락과 맨홀도 마찬가지

☑ 위험한 장소를 체크해 두자

낡은 담장이나 오래된 건물. 기울어진 자판기나 전봇대 등 지진이나 태풍이 오면 무너질 만한 것은 없는지 아이와 함께 확인해 보자.

> 👤 집 근처에서 지진이 일어나자 낡은 담이 무너지기 시작했다. 담 아래에 있었다면 하고 생각하니 무서워서 견딜 수 없었다(동일본 대지진 | 32세 여성. 딸 3세).

☑ 비상식을 먹어보고 방재용품을 사용해본다

근처의 공원이나 집 베란다. 마당 등에서 가볍게 방재 피크닉을 해보자. 가족 오락 시간처럼 즐기면서 도시락 대신 비상식을 먹고, 방재용품을 시험해 보면 재해에 대비한 예행 연습이 된다. 아이에게는 용품을 사용하는 것이 즐거운 이벤트가 된다.

☑ 대피소는 몇 곳 확인해 두자

재해 종류와 사는 지역에 따라 대피 장소가 달라진다. 지진의 경우 쓰나미 걱정이 없는 곳을 포함해 몇 군데의 대피소와 경로를 체크해 두자.

> 👤 지정된 대피소에서 침수 우려가 있어서 다른 대피소로 이동했다(태풍 | 29세 여성. 아들 7세, 3세).

☑ 비상가방을 직접 메보자

애써 준비했는데 유사시에 가지고 나오지 못하면 의미가 없다. 아이를 안은 채 가방을 짊어지고 달릴 수 있는 양을 체크해 보자.

> 👤 배낭에 2리터 페트병을 한 병 넣고 대피하려고 했지만 무거워서 결국 집에 두고 대피했다(동일본 대지진 | 30세 여성. 딸 1세).

방재 캠프를 하자

👤 대피소에 갔지만 아이가 떠들어서 다른 사람에게 폐를 끼치는 바람에 차 트렁크에 실어 놓은 캠핑 도구를 주차장에 깔고 지냈다(구마모토 지진 | 34세 여성. 아들 4세, 2세).

👤 마당에서 캠핑하며 지냈다. 평소에도 아이들과 자주 캠핑을 하러 다녀서 대피 생활의 불편함도 아이들에게는 놀이처럼 여겨져 스트레스가 없었다(동일본 대지진 | 40세 여성. 아들 7세, 딸 5세).

아웃도어는 최강의 방재술. 평소와 다른 불편함을 즐기면서 체험한다

캠프는 최고의 방재술이고 캠핑 도구는 최강의 방재용품이다. 마마플러그의 방재 강좌에서도 그 내용을 종종 소개하고 있다. 계절별 장비와 식량이 있다면 언제 지진이 일어나도 안심하고 지낼 수 있고, 평소 자연 속에서 지내면서 전기나 장난감, 게임 없는 생활을 아이에게 체험시키면 비상시에 밖에서 지내는 것에 거부감이 없어진다.

방재 캠프의 이점은 또 있다. 산이나 강가에서 캠핑을 하면서 재해에 대비한 대피 시뮬레이션을 할 수 있고, '장작을 모아왔다. 불을 피웠다' 등 자신의 맡은 역할을 해내는 성공 체험을 반복할 수도 있다. 아이의 방재력 향상과 사회성을 익힐 수 있는 절호의 기회이므로 꼭 가족끼리 야외 레저에 도전해 보자.

☑ 강가나 산에서 날씨의 변화를 체험한다

자연을 체험하는 것을 통해서 위험을 감지하는 능력을 높일 수 있다. 갑자기 산에 많은 비가 내리기 시작하면 강가에 있으면 안 된다는 것 등 생명을 지키기 위해 필요한 것을 자연스럽게 알게 된다.

☑ 방갈로에 묵어 본다

야외에 익숙하지 않으면 갑작스러운 캠핑에 거부감이 든다. 이런 경우는 캠프 시설에 있는 방갈로에 머물러 보는 것을 추천한다. 우선은 자연 속에서 지내보자.

☑ 즉석식품이나 비상식을 먹어 본다

즉석식품이나 비상식을 사서 실제로 먹어 보자. 모두의 입맛에 맞는 것을 우리 집의 비상식으로 비축해 놓으면 비상시에 아이가 먹지 않는 일은 없다.

☑ 야외 BBQ나 반합 취사를 체험한다

온 가족이 BBQ나 반합으로 하는 취사에 도전해 보자. 야외에서 각자의 역할에 따라 직접 밥을 해보는 도전은 아이에게는 좋은 방재 훈련이기도 하다.

아이를 맡긴 곳과 비상연락 체계를 확립

👤 지진이 진정되자마자 아이를 맡긴 어린이집으로 향했다. 도착하니 어린이집 마당에 아이들이 줄을 서서 보호자를 기다리고 있었다. 데리러 온 아빠 한 명이 '뭘 하고 있어! 쓰나미가 올 거야'라고 고함을 질렀다. 황급히 모두 대피해서 아이들은 모두 무사했지만 어린이집은 쓰나미에 휩쓸렸다(동일본 대지진 | 33세 여성. 딸 2세).

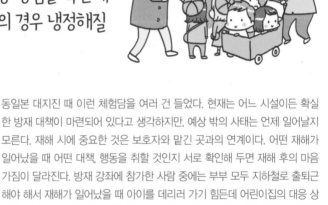

아이를 맡긴 곳의 긴급시 대응 방침을 확인해 두면 만일의 경우 냉정해질 수 있다

동일본 대지진 때 이런 체험담을 여러 건 들었다. 현재는 어느 시설이든 확실한 방재 대책이 마련되어 있다고 생각하지만, 예상 밖의 사태는 언제 일어날지 모른다. 재해 시에 중요한 것은 보호자와 맡긴 곳과의 연계이다. 어떤 재해가 일어났을 때 어떤 대책, 행동을 취할 것인지 서로 확인해 두면 재해 후의 마음가짐이 달라진다. 방재 강좌에 참가한 사람 중에는 부부 모두 지하철로 출퇴근해야 해서 재해가 일어났을 때 아이를 데리러 가기 힘든데 어린이집의 대응 상황을 몰라서 걱정했다는 경험담도 적지 않다. 한편 어린이집에서 별도의 대응 매뉴얼을 준비하고 있지 않아 보호자들이 나서서 어린이집과 교섭 후 방재위원회를 만든 사례도 있다.

어린이집도 보호자도 방재라고 하면 주저하는 경향이 있지만 모르는 것은 먼저 문의할 것. 서로의 입장을 존중하면서 대화할 수 있다면 어린이집과 원활한 소통이 가능하다.

☑ 재해별로 대응하고 있는가

아이를 맡긴 곳에서 재해별로 꼼꼼하게 대피 대책을 검토하고 있는지 확인해 두자. 만약 방재 대책이 마련되어 있지 않은 경우 시설 측과 대화하자.

☑ 최선책을 생각해 둔다

동일본 대지진 당시 높은 지대로 피신해 있던 원아를 데리러 갔다가 돌아오는 차 안에서 쓰나미에 휩쓸린 부자도 있었다. 재해가 일어나면 아이를 맡긴 곳의 대응을 확인하고 안전하다면 굳이 데리러 가지 않아도 된다.

☑ 방재 메모를 만들어 둔다

아이를 맡긴 곳에서 공유하고 있는 메일이나 SNS 연락망 이외에도 연락 방법을 모색하고, 마중 나갈 수 없는 경우에 협력할 수 있는 이웃의 보호자들과 재해 시 대응 방법에 대해 이야기를 나눠보자.

☑ 방재 매뉴얼을 확인한다

최근 시설의 방재 대책은 상당히 고도화되었고, 탄탄한 방재 매뉴얼도 갖추고 있다. 아이를 맡긴 곳과 연락이 닿지 않을 때의 대응 등 걱정이 될 만한 사항은 미리 확인해 두자.

기억해야 할 응급처치

동일본 대지진 당시 아이가 추위와 스트레스로 갑작스러운 경련을 일으켜 보호자가 패닉에 빠진 사례도 있었다. 재해 시에는 어른도 스트레스가 쌓이지만 아이들에게는 더욱 큰 부담이 된다.

우선 체내 비축량이 적고 체온 조절 기능이나 면역력이 떨어져서 탈수나 저혈당, 저체온증이 오기 쉽고 감염증으로 이환될 가능성이 커진다. 대피할 때나 대피소에서 오는 스트레스까지 겹쳐 컨디션 불량을 일으키기 쉬우므로 주의가 필요하다. 아이는 성인과 비교해 키가 작아서 낮은 위치에 떠다니는 가스나 한여름 재해 시 지열의 영향을 받기 쉬운 점 등을 고려해서 상황에 맞게 적절하게 대응해야 한다.

기본은 안정을 취하는 것.
소아 응급처치를 배워두면
유사시에 침착하게 대응할
수 있다

마마플러그는 소방서의 협력을 얻어 재해 시 아이의 응급처치나 일어날 수 있는 질병 등에 대한 스터디를 개최하고 있으며, 어린아이를 둔 엄마 아빠는 일본적십자사 등이 주최하는 강습을 들을 것을 추천한다. 심장 마사지나 인공호흡 등 가장 기본적인 응급처치, AED 사용법 등을 배운다. 응급처치 기초 강습이나 어린이에게 일어나기 쉬운 사고를 예방하고 질병에 대처하는 지식과 방법을 배울 수 있다. 유아 원포인트 강습 등이 있다. 이러한 지식이나 기술은 재해 때가 아니더라도 아이가 물건을 잘못 삼켰을 때나 경련이 일어났을 때도 침착하게 대응하는 데 큰 도움이 되므로 추천한다.

☑ 물에 휩쓸렸을 때는 우선 몸을 따뜻하게 한다

먼저 젖은 옷을 갈아입혀 체온이 떨어지지 않도록 주의한다. 의식이 없고 평소 호흡과 다를 때는 심폐소생술을 실시한다.

☑ 재해 스트레스로 경련을 일으킨다

재해 시에는 아이들이 추위와 충격으로 갑자기 쓰러져 경련을 일으킬 수 있다. 재해 시 일어나기 쉬운 병이나 아이에게 나타나는 증상을 미리 알아두면 당황하지 않는다.

☑ 부상이나 골절 처치를 배워둔다

골절일 때는 환부에 딱딱한 것을 대고 붕대 등으로 고정한 다음 병원에 간다. 휘었거나 출혈이 있을 때는 무리하게 펴거나 멈추려고 하지 말고 그대로 전신을 담요로 감싸고 보온에 신경을 쓰며 병원으로 간다.

☑ 오음이나 구토 대응 방법을 익혀 둔다

평소에도 아이나 노인에게 많이 일어나는 것이 오음, 구토 증상이다. 재해 시에는 대피소 등에서 평소 먹지 않던 것을 먹으므로 주의가 필요하다. 오음 대응 방안에 대해서는 배워두자.

특별한 니즈가 있는 아이의 방재

> 👤 아이가 밀가루 알레르기가 있어 대피소에서 나온 식사에 밀가루가 들어 있어 먹지 못하게 했더니 주위에서 '금수저'라는 하는 말을 들어 힘들었다(동일본 대지진 | 31세 여성. 딸 4세).

재해 시 이해받기 어려운 특별한 니즈가 있는 아이는 사전 준비가 필요하다

알레르기와 장애를 가진 아이들에게는 각각 특별한 니즈가 있다. 밀가루나 달걀이 들어간 것을 먹을 수 없다. ADHD로 차분하게 지내기 어렵다는 등의 니즈는 재해 현장에서는 남들에게 이해받기 어렵다. 구호물자로 알레르기 체질을 위한 음식은 바로 배달되지 않는다고 생각하는 것이 현명하다. 그렇기 때문에 사전 준비가 중요하다. 재해가 일어났을 때 아이가 도대체 어떤 상태가 되는지, 평소에도 부모와 자녀가 대화를 나누고 자기 아이에게 맞는 방법으로 대비한다.

예를 들어 밀가루 알레르기가 있는 경우 글루텐프리 즉석식품을 주문하고, 실제로 아이에게 먹여서 괜찮은 것을 비축하도록 한다. 발달장애나 신체적 장애가 있는 경우, 아이가 혼자 있을 때 재해를 입어도 주위 사람들에게 도움을 받을 수 있도록 장애 정도나 대응 방법, 연락처 등을 적은 카드를 갖고 다니게 하면 안심이다. 자치단체에서는 재해 시의 지원 요청을 사전 등록받고 있으므로 사는 지역의 지원 내용에 대해서 확인해 둔다.

☑ 발달장애는 이해받기 어렵다

ADHD 등 발달장애를 가진 아이의 니즈 또한 특별한 내용이다. 대피소 등 많은 사람이 있는 곳에서 평화롭게 지낼 수 없는 경우에는 자택 대피를 기본으로 방재를 생각하고 필요에 따라서는 주차장이나 마당에 텐트를 치고 지내는 방법 등 아이를 자극하지 않고 지낼 수 있는 장소를 마련해 두는 것이 좋다.

👤 알레르기 체질인 아이를 위한 우유가 없어서 미음을 먹였다(동일본 대지진 | 29세 여성. 아들 5개월).

☑ 알레르기 체질용 음식은 배급되지 않는다

알레르기 질환이 있으면 아이도 어른도 대피소에서 배포되는 구호물품이나 갓 지은 밥을 먹을 수 없어 매우 곤란하다. 자치단체에서는 사실 모든 시민이 지내기에 충분한 물자를 갖추고 있지 않기 때문에. 특별한 요구가 있는 경우는 각 가정에서 대비하는 것이 기본이다. 하지만 집이 쓰나미로 떠내려가서 다 잃어버린 예측할 수 없는 사태도 있을 수 있다. 필요한 물품은 집 안의 다른 장소에 조금씩 나눠서 보관한다. 근처에 사는 친척이나 아이 친구 엄마들과 대화를 나누고 각자의 가정에 필요한 것을 조금씩 비축해 두는 것이 이상적이다. 게다가 음식 알레르기뿐 아니라 목욕을 할 수 없어 아토피가 악화되거나. 대피소의 먼지와 쓰레기로 인해 소아성 천식 증상이 생긴 사례도 있다. 필요한 약은 넉넉히 준비하고 평소에 대응 방법을 가족이 모여 상의해둔다.

식사 시간입니다

☑ 장애인에게 대피소는 또 다른 역경

지면이 고르지 못한 대피소 화장실이나 평소와 다른 장소에서 행동하는 것은 장애가 있는 아이들에게는 매우 지내기 힘든 시간이다. 가능한 한 자택 대피를 할 수 있도록 대비해야 한다. 장애 정도에 따라 복지 대피소를 이용할 수도 있으므로 자치단체에 문의해 보자.

여성 고유의 방재

나는 비데가 없으면 곤란한데

응. 생리용품이나 위생 팬티는 구호물품에 포함될까?

대피소에서 속옷 말리는 건 정말이지

👤 쓰나미에 잠긴 비위생적인 상태에서 생리를 했고 대피소에는 생리대가 충분히 비축되어 있지 않아 대피소에 있는 다른 사람에게 얻었다(동일본 대지진 | 37세 여성. 딸 7세).

방재용품도 여성 사양으로 준비한다. 생리용품이나 화장품은 충분한 양을 비축한다

동일본 대지진 이후 많은 여성들이 단수 상황에서 대피 생활을 하면서 생리를 하게 돼 힘들었다고 한다. 또 비위생적인 환경에서 생활한 탓에 방광염이 생기거나 민감한 부위에 염증이 생긴 사람도 있었다. 생리대나 위생용품은 많이 사 두는 게 가장 좋은 방법이다. 평소 들고 다니는 기저귀 가방이나 출근 가방 안에도 생리용품을 넣어 두도록 하자.

그 밖에도 평소 화장이나 피부 관리에 공을 들이는 사람이나 냄새에 민감한 사람은 대피소 생활에 더 큰 스트레스를 받는다.
긴급 상황이니만큼 참아야 하는 것은 물론이지만, 자신에게 꼭 필요한 물건은 여유 있게 갖고 다니도록 하자.

의외로 요긴하게 쓰이는 것이 아로마오일이다. 마스크에 몇 방울 떨어뜨리면 대피소 특유의 생활 냄새를 완화해 준다. 티트리 등의 항균 효과가 있는 오일을 가방에 하나 넣어두었다가 양치할 때 컵에 몇 방울 떨어뜨려 쓰거나 물티슈에 떨어뜨려 손을 닦으면 감염증 예방에도 도움이 된다.

☑ 생리대와 위생 팬티

생리대는 구호물품으로는 쉽게 얻지 못한다. 공평성을 우선하는 대피소에서 생리대를 충분히 받지 못하는 상황을 예상해서 위생 팬티도 함께 충분히 비축해 둔다.

☑ 마스크

감염증이나 감기 예방에 도움 된다. 또한 대피소 특유의 생활 냄새와 먼지를 완화해 주는 것 외에도 노메이크업으로 지낼 때 스트레스를 덜어주는 효과도 있다.

☑ 휴대용 비데

단수로 인해 목욕을 하지 못하거나 쓰나미, 강의 범람 등의 피해를 봐서 비위생적인 상태로 지낼 수밖에 없는 경우도 있다. 휴대용 비데를 비축해 두면 방광염 등을 막을 수 있다.

☑ 이너웨어

동일본 대지진으로 대피 생활을 하면서 브래지어를 갈아입고 싶었지만 대피소에서는 말을 꺼내기 힘들었다. 받을 수 있을 거라고 기대하는 사람도 없었다. 사이즈가 구분되어 있는 의류는 구호물품 중에서도 받기 어려운 품목 중 하나다.

☑ 아로마오일, 화장용품

화장용품은 재해 시에는 사치품으로 인식되기도 해서 좀처럼 받기 어려운 품목이지만, 여성의 경우는 피부를 제대로 관리하고 냄새만 줄어도 훨씬 스트레스가 줄어든다.

☑ 파우치, 토트백

대피소의 화장실에 갈 때 생리대를 신문지에 싸서 갖고 다녔다는 사람도 있었다. 파우치나 토트백이 있으면 의류나 생리대를 넣어 다니기에 편리하다.

☑ 겉옷이나 숄

평소 겉옷이나 숄, 무명천, 대형 거즈 등을 가방에 넣어 두면 수유할 때나 휴대용 화장실에서 볼일을 볼 때 가림용으로 사용할 수 있고, 방한 대책에도 도움이 된다.

귀가 난민이 되지 않도록 대응 방법을 생각해 두자

👤 시부야 직장에서 재해를 입었다. 빌딩이었기 때문에 직장 근처에서 운동화를 구입하고 후타코타마가와까지 걸어서 돌아갔다. 246호선은 걸어서 귀가하는 사람으로 넘쳐났고 도중에 주저앉는 사람도 속출하는 등 다들 지쳐 있었다. 아이가 있는 어린이집에 겨우 도착했을 때는 밤 10시가 지나서였다(32세 여성. 딸 3세).

👤 사이타마 집까지는 걸어서 갈 수 없어 회사에 머물렀다. 회사에 충분한 비축품이 없어 배도 고팠지만 아내와 아이와는 연락도 되지 않아 걱정하면서 동료들과 보냈다(41세 남성. 아들 4세).

맞벌이에 직장에서 집이 먼 경우는 무리해서 귀가하지 말 것

동일본 대지진 때 도쿄 시내에서 일하는 많은 엄마 아빠들의 귀가가 곤란했다. 아이를 집 근처의 어린이집에 맡긴 경우 무리하게 아이를 찾으러 귀가한 사람도 많았던 것 같은데, 도심에서 직하형 지진이 일어난 직후 귀가하는 것은 매우 위험하다. 정부에서 공표한 수도 직하 지진 때의 귀가 행동 시뮬레이션에 따르면 도심부나 화재 연소부를 중심으로 도로가 마치 만원 전철과 같은 상태가 되어 곤경에 빠진 사람은 200만 명이나 된다고 한다.

도심에서 근무하는 사람은 회사에 머무는 것을 전제로 대비하는 것이 현명하다. 맞벌이로 두 사람 모두 도심에서 일하는 경우는 아이의 픽업을 부탁할 수 있는 사람을 찾아두고, 부부와 합류하는 방법을 모색하는 등 사전에 상의해 두자.

☑ 사무실에는 운동화를

재해가 일어나고 안정될 때까지 회사에 머문 후 집으로 돌아갈 때 잔해 속을 힐이나 구두로 걷는 것은 어렵다. 사무실에 운동화를 한 켤레 두도록 하자. 갈아입을 옷과 위생용품도 놓아두면 편리하다. 회사에 비치되어 있는 방재 음식 등을 확인하면서 자신에게 필요한 물품이 무엇인지 꼼꼼하게 살펴보자.

☑ 아이를 맡긴 곳과 연계는 필수

재해에 대비해 보호자 대신 아이를 픽업해 줄 사람의 명단을 제출할 것을 요구하는 유치원이나 학교가 많아졌다. 픽업 이외에도 아이의 안부 확인 방법과 집으로 돌아갈 수 없는 경우의 대응 등 사전에 아이를 맡긴 곳에 확인해 두면 무리하게 귀가를 시도하다가 위험에 노출되는 일도 없다.

☑ 온 가족이 흩어진 상황에 대비한다

집 근처에 파트타임으로 일을 하러 간 아내와 어린이집에 있는 아들의 안부를 몰라 불안한 사람들이 많았던 피해 지역. 부부간 등 연계할 수 있는 가족과는 만일에 대비해 연락할 방법에 대해 상의한다. 또한 업무로 이동하는 일이 잦은 사람은 그날의 행선지를 미리 알리는 것도 중요하다.

고령자의 방재

재해 시에는 평소보다
범죄 발생률이 높다.
자신의 몸을 지킬 수 있는
수단을 확보해 둔다.

가족 중에 노인이 있는 경우에도 넉넉한 양의 비축품이 필요하다. 현재 복용하는 약의 1주일분과 약 수첩, 틀니 세척제, 종이 기저귀나 패드 등 어린이 방재와 마찬가지로 필요한 물건들을 넉넉히 비축하고 영양 균형이 깨지지 않고 식사를 할 수 있도록 대비하자. 어린이와 마찬가지로 고령자도 대피소에서 생활하는 것이 쉽지 않다. 독감이나 노로바이러스 등의 감염 위험도 있으므로 가능한 한 집에서 지낼 수 있도록 꼼꼼하게 대비하자.

돌봄이 필요한 노인이 있는 가족의 경우는 재해 시의 대응에 대해 간병인과 미리 상의하자. 반대로 평소에 아이를 조부모가 보고 있는 경우는 재해가 일어났을 때 서로 어떤 행동을 취하고 그날 어떻게 보낼지, 대피 타이밍이나 대피 장소, 집합 장소 등 세세하게 규칙을 정해 두자.

고령자의 방재는 휴대폰의 사용 여부에 따라서 대비해야 할 내용이 달라진다. 필요에 따라서는 공중전화 위치 및 잔돈 준비, 긴급 시 연락처 등도 목록으로 정리해 두자.

의료종사자에게 듣는
재해 시 필요한 것

재해 시에는 가족의 문제가 표면화된다

재해 상황에서는 누구나 마음의 여유가 없다. 집이 떠내려가거나 화재로 타 버리고 소중한 사람을 잃은 데다, 대피소에서 불편한 생활을 강요당하면 다른 사람을 신경 쓸 여유가 없다. 재해 직후에 나타나는 극심한 불안감이나 불면증, 조바심은 급성 스트레스 반응이라고 하며 평소보다 더 폭력적이거나 우울 증세를 동반하기도 한다. 사람이 죽는 장면을 본 충격으로 일어나는 플래시백, 악몽이나 과다 각성, 감정 마비 등의 트라우마 반응은 대다수의 경우 반년 이내에 자연히 회복되지만, 사별과 상실로 인한 비관적인 감정이 회복되기까지는 1년에서 2년의 세월이 필요하다. 회복을 방해하는 것이 장기간에 걸친 피난 생활이나 앞을 알 수 없는 현실로 인한 스트레스이다. 또한 1인 가구 등 사회나 커뮤니티로부터 고립된 사람도 스트레스가 증폭되는 경향이 있다.

재해 후에는 많은 사람들이 일제히 혼돈에 빠지기 때문에 지역 내 범죄나 폭력, 가정 폭력이 증가하는 경향이 있다. 아이도 갑작스럽게 의식을 잃거나 두통 및 복통을 호소하기도 하고, 손발이 움직이지 않는 등 여러 가지 신체 증상이 나타날 수도 있다. 나이에 맞지 않게 응석을 부리거나 제멋대로 구는가 하면 현실에 맞지 않는 말을 꺼내기도 하고, 쓰나미 체험을 놀이로 바꾸어서 쓰나미 놀이를 하기도 한다.

당연히 부모를 포함한 보호자들은 놀랄 수밖에 없지만 이것들은 모두 비정상적 상태에 대한 정상적인 반응이다. 억지로 그만두게 하지 말고 아이의 마음에 기대어 아이의 말에 귀 기울여 본다. 재해 후에는 보호자도 마음

평소 몸과 마음 모두 건강한 생활을 보내고 가족 간의 정을 소중히 여긴다

DMAT(재해파견의료팀), DPAT(재해파견정신의료팀),
일본적십자사 의료센터 멘탈헬스과 클리닉 부원장_**카와토리 유즈루**

의 여유가 없겠지만 지켜보는 자세, 이야기를 듣는 자세가 아이 마음을 치유하는 데 도움이 된다. 정도가 걱정되는 수준이라면 아동정신과를 찾아 진찰을 받고 지시를 받도록 하자.

또 하나, 가족의 심신을 위해 신경 써야 할 것이 있다. 그것은 아무것도 없는 일상 속에서 밀접한 커뮤니케이션을 위해 노력하고 부부간, 부모와 자식간의 관계를 돈독하게 해두는 것이다. 재해 시에 증가하는 범죄나 폭력은 갑자기 나타나는 것처럼 보여도 사실 그렇지 않다. 평소 스트레스로 여겼던 일, 가족 안에 내재되어 있던 커뮤니케이션이나 마음의 문제가 큰 재해를 겪으면서 스트레스를 받으면 표면화되어 일어나는 것이다. 일상생활 속에서 아이가 안심하고 살 수 있는 환경을 유지하는 것. 그 자체가 소중한 방재 활동이기도 하다. 또한 일상 속에서 아이나 가족이 정신적으로 큰 스트레스를 느끼는 경우 적절한 도움을 받으면서 유사시의 대응에 대해서도 확인해두자.

아이가 걸리는 병은 평상시와 거의 동일

많은 사람들이 재해가 발생하면 한시라도 빨리 도망쳐야 한다고 생각하지만 내진, 면진 설계된 단독주택이나 아파트라면 집에서 지내는 게 오히려 안전할 수 있다. 재해 시에 일어나는 아이의 부상이나 병은 평소 아이가 걸리는 병이나 놀다가 일어나는 부상과 거의 같은 만큼 유사시라고 과도하게 예민해지지 말고 냉정하게 아이의 상태를 판단하는 것이 중요하다. 재해 시에도 모유 수유를 하는 사람은 가능한 한 모유 수유를 계속하는 것이 최선이다. 모유에는 면역 성분이 포함되어 있으니 아기를 감염으로부터 지켜준다. 그러나 동일본 대지진 당시 안심하고 수유할 수 있는 공간이 없어서 수유하기 힘들었다는 체험담도 있었다. 그렇다고는 해도 안정된 환경만 갖춰지면 평소와 같이 모유 수유는 가능하다. 케이프를 이용하거나 주위의 도움을 받아서 가급적 엄마와 아기가 함께하는 편안한 환경을 만들어 보자.

평소 우유를 마시는 아기라면 우유와 청결한 젖병을 세트로 준비해야 한다. 젖병을 소독할 수 없는 환경이라면 종이컵이나 숟가락을 사용해도 좋다. 어느 방법이든 엄마랑 아기 모두 스트레스가 되지 않도록 충분한 지식을 갖고 대비를 하면 좋다.

또한 모자수첩에 엄마나 아기의 건강 정보가 적혀 있으므로 재해에 대비해서 임산부는 항상 모자수첩을 휴대하는 것이 중요하다. 대피소 생활은 이재민은 물론 많은 자원봉사자가 오가기 때문에 면역력이 약한 유아들은 쉽게 감염된다. 그렇지 않아도 물자나 식량이 부족해 인내를 강요당하는 상황에서 대피 생활은 더욱더 힘들어진다.

비상시에도 평소의 생활을 유지하는 것이 중요하다. 엄마와 아이의 스트레스를 줄이기 위해서 방재에 대응한다

DMAT(재해파견의료팀) 클리닉 원장_**미사키 미호**

집이 떠내려가고 의지할 친척이나 친구가 없어 어쩔 수 없이 대피소에서 생활해야 하는 경우는 임산부나 영유아를 위한 방이 확보된 대피소를 알아보자. 수유실이 마련되어 있거나 수유 케이프를 대여해 주기도 하므로 미리 시설에 확인하도록 하자.

대피소에서는 적당히 몸을 움직여 이코노미 클래스 증후군이 걸리지 않도록 조심해야 한다. 엄마의 마음 상태는 아이나 태아에게 큰 영향을 미치기 때문에 엄마가 편안하게 지낼 수 있도록 아로마오일이나 좋아하는 음악 등을 가까이해 조금이라도 평온한 마음을 유지하는 것이 중요하다.

특히 대피소에서는 여성과 아이들의 방범에 주의해야 한다. 같은 처지의 엄마 아빠와 협력하여 밤에 화장실을 갈 때는 절대로 혼자 가지 않아야 하고, 아이가 혼자 있지 않도록 주의하자. 재해 시에 중요한 것은 사람과 사람의 상부상조이다. 힘든 일이 있으면 혼자 떠안지 말고 도움을 요청하기 바란다. 엄마 아빠의 심신이 건강한 것이 아이에게는 무엇보다 중요하다.

재해 후 심리적인 반응

이것들이 겹치면
폭력성과 우울증 증세를
보이기도 한다

정신적 외상(트라우마)

자신이나 다른 사람의 사망 또는 부상
으로 인한 충격으로 일어난다. 플래시백
이나 악몽, 과각성, 감정 마비 등이 해당
한다.

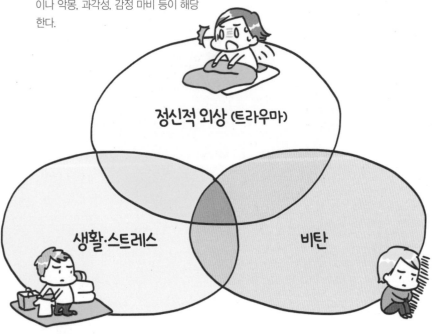

정신적 외상 (트라우마)

생활·스트레스

비탄

생활 · 스트레스

대피소에서 아이가 울고, 모르는 사람들
과 생활해야 하는 등 각종 불편함과 대피
생활로 인한 여러 가지 스트레스가 나타
난다.

비탄

소중한 사람과의 사별, 집 등 재산 피해
에 의한 반응으로 회복하는 데 1~2년이
걸린다.

동일본 대지진 이후 아이들의 변화

놀이의 변화

- 지진놀이를 한다
- 나무블록으로 집을 짓고 부수는 놀이를 한다

공포심이 사라지지 않는다

- 어른에게 매달려 떨어지지 않는다
- 세탁기 소리에도 흠칫 놀란다

지진이다~!!

이것들은 모두 정상적인 반응

긁적

긁적

퇴행 행동

- 끊었던 모유를 다시 찾는다
- 손가락을 빤다

안절

부절

몸살이나 발진

- 코피가 나고 두드러기 증상이 나온다
- 목욕을 하지 못해 습진에 시달렸다
- 설사가 계속됐다

정서 불안증

- 난폭해졌다
- 안정감이 없다
- 과호흡 증세를 보인다

심리적 응급처치

아이의 이야기에 귀를 기울인다

본다

- 안전을 확인한다(지원자도 포함)
- 긴급한 지원이 필요하지 않은지?
- 심각한 스트레스를 안고 있지 않은지?

도움을 청한다

- 심각한 스트레스를 가지고 있는 경우는 전문가의 지원이 필요하다

듣는다

- 아이 곁에 늘 붙어 있는다
- 아이의 이야기에 집중한다
- 이야기에 귀를 기울이고 기분이 안정될 수 있도록 도와준다
- 맞장구를 치며 아이의 말을 따라 한다
- 부정하지 않고 '그렇구나'라는 말로 공감을 표현한다
- 지금 무엇이 필요한지 물어본다

특별한 배려가 필요한 사람들

- 아이가 있는 사람
- 고령자
- 영유아
- 임산부
- 부상자
- 외국인

만일의 경우에 서로 도울 수 있는 지역 만들기

도심에 사는 대부분의 사람이 옆집에 누가 사는지도 모르는 현대 사회라고는 하지만, 자녀와 노인이 있는 가정이 안심하고 지내기 위해서는 평소 지역 커뮤니티에 참가하여 안면을 익혀두는 게 중요하다.

가령, 동네에서 아이와 헤어져도 지역의 상가 사람들이 아이를 기억해서 도와주기도 하고 노인들에게 대피하라는 말을 건넬 수도 있다. 대피소에서도 안면이 있는 사람들이 있으면, 아이가 울어도 '괜찮아요'라며 이해해 주는 등 엄마 아빠의 심리적인 스트레스도 완화할 수 있다.

아이가 열이 난다면?

◎아이의 상태를 본다

☐ 울고 있는지?
☐ 우유나 물을 마실 수 있는지?
☐ 시선은 잘 맞추는지?
☐ 호흡이 이상하지 않은지?(소리가 나고 호흡할 때마다 콧구멍이 벌렁거리고 명치가 들썩거리는 등)

◎대처 방법

☐ 몸을 차게 한다(얇은 옷을 입힌다. 냉각 시트로 몸을 식힌다)
☐ 우유나 수분을 자주 준다
☐ 해열제를 투여한다

◎이럴 때는 바로 병원으로

☐ 전혀 울지 않고 몸이 축 늘어져 있다
☐ 시선을 맞추지 못한다
☐ 호흡이 이상하다
☐ 모유나 우유를 전혀 먹지 않는다
☐ 생후 3개월 미만의 아기가 열이 난다
☐ 반나절 이상 오줌을 누지 않는다

아이가 구토나 설사를 하면?

◎아이의 상태를 본다

☐ 울고 있는지?
☐ 시선을 잘 맞추는지?
☐ 우유나 물을 마실 수 있는지?
☐ 오줌은 나오는지?

◎대처 방법

☐ 토한 경우는 조금 진정시키고 나서 수분을 조금씩 간격을 두고 준다
☐ 탈수 시에는 경구 보수액(없으면 물)을 준다
☐ 설사를 무리하게 멈출 필요는 없다
☐ 물티슈나 소량의 물을 이용해 가능한 한 기저귀 독을 막는 노력을 한다

◎이럴 때는 바로 병원으로

☐ 혈변이 나온다
☐ 반나절 이상 오줌이 나오지 않는다
☐ 복통을 호소한다
☐ 전혀 수분기가 없고, 입술과 혀가 건조하다
☐ 의식이 혼미하다

아이가 머리를 다쳤다면?

지진의 흔들림으로 다치는
일도 있다

◉대처 방법

- ☐ 아이의 모습을 관찰한다
- ☐ 혹(피하 혈종)이 생겼다면 차게 한다

◉이럴 때는 바로 병원으로

- ☐ 3회 이상 토하고 늘어져 있다
- ☐ 경련을 일으킨다
- ☐ 의식이 혼미하다
- ☐ 시선을 맞추지 못한다
- ☐ 울지 않고 멍하니 있는다
- ☐ 머리에서 심한 출혈이 있다

아픈 아이가 있는 가정의 대비

👤 아이가 입원 중에 재해가 일어났다. 병원까지는 먼데다 거리는 차로 꽉 차 있었다. 3일이 지나서야 겨우 병원에 갈 수 있었다(동일본 대지진 | 34세 여성. 딸 5세).

입원 중인 자녀가 있다면 재해 시의 대응에 대해 병원 측에 확인해 둔다. 난치병 어린이의 경우는 집과 거리가 먼 전문소아종합병원을 이용하는 일도 많겠지만. 재해가 일어나면 먼 곳까지 아이를 데리고 가는 것은 어렵다. 인근에서 지정병원을 찾아 두는 것이 안심이다. 자택 요양의 경우는, 정전이 치명적일 수도 있으므로 상응하는 준비가 필요하다.

☑ 인근에 지정 병원을 찾아둔다

집 근처의 아이를 안고 갈 수 있는 거리에, 주치의를 찾아두는 것도 방재 대책 중 하나이다. 또 간질약 등 아이들의 체격과 상태에 따라 약의 양이 다른 것도 있으므로 대피할 때 약 수첩은 반드시 휴대하도록 하자.

☑ 집 전기 등 대비를 재검토한다

전기가 필요한 의료기기를 집에서 사용하고 있는 경우. 정전이 됐을 때 어떻게 대응할지에 대해 주치의 및 의료기기 제조업체와 협의하여 적절한 대응책을 강구해 둘 필요가 있다. 그 외에도 모든 가능성을 고려하여 아이가 안전하게 지낼 수 있도록 대비하자.

재난 거점 병원의 위치를 확인해 두자

재해 시에 동네 의원이나 클리닉은 문을 닫는 게 보통이고, 대신 지역 내에 임시구호소가 설치된다. 임시구호소의 위치나 개설 시간 등의 정보는 일반적으로 대피소 안이나 TV, 라디오 등에서 안내되므로 확인하도록 하자.

재해 시에 지역의 거점으로서 증세가 심한 환자를 수용하고 재해 시 구조 활동에서 중심 역할을 담당하는 곳이 재난 거점 병원이다. 건물이 내진 내화 구조로 되어 있고, 기자재 등을 충분히 비축하고 있다. 재해가 일어나 가족이 크게 다치거나 아플 때를 대비해 살고 있는 지역의 재해 거점 병원 위치나 규칙을 확인해 두자.

재난 거점 병원

❶ 24시간 재해에 긴급 대응할 수 있고, 피해 지역 내 부상자를 수용할 수 있는 체제를 갖추고 있다

❷ 실제로 헬기 등을 사용하여 중증 부상자를 후송을 할 수 있다

❸ 소방기관(긴급소방지원대)과 연계한 의료 구호반 파견 체제가 구축되어 있다

❹ 헬기에 동승할 의사를 파견할 수 있는데, 이를 서포트하고 충분한 의료설비나 의료 체제, 정보 수집 시스템과 헬기장, 긴급차량, 의료팀을 파견할 수 있는 기자재를 갖추고 있다.

소아의 재해의료는 지역 내 연계가 필수

지역의 연결이 아이의 생명을 구한다

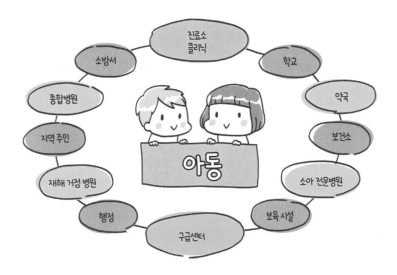

재해가 일어났을 때 가장 우선해야 할 것은 자신과 가족이 살아 남는 것이다. 그리고 한동안 자립해서 생활할 수 있도록 대비해야 한다. 자조력을 높이기 위해 매일매일 조금씩 방재에 임하자.

재해는 한 가족뿐만 아니라 지역 전체의 문제이다. 발생한 직후부 터 이웃에게 도움을 줄 수 있는 일도 있고 이웃의 목숨을 구할 수 도 있다. 소중한 우리 아이의 생명을 구하기 위해서는 지역과 의 료기관의 연계가 필수이다. 평소 지역과 연계해서 서로 도울 수 있는 관계를 맺어 두자. 사람의 연결이 강한 곳이야말로 재해에 강한 지역이라고 할 수 있다.

육아도, 방재도, 힘들지만 즐겁게!

일상생활에서 살아남는 힘을 키운다. 그것이 아이를 위해 할 수 있는 방재의 첫걸음

방재 강좌를 시작한 지 7년이 지났다.

강좌에 참석한 사람 중에는 '지킬 것이 생겼기 때문에 방재 의식이 싹텄다', '꼭 지켜야 할 것이 생겼기 때문에 부부가 공부하러 왔다'는 사람도 있다. 동시에 '당시에는 엄마라는 시선으로 지진 재해를 생각하지 않았기 때문에 무엇부터 손을 대야 할지 몰랐다'는 사람도 있다.

그런 이야기를 들을 때면 '일상생활에서 갖는 생각, 육아를 하면서 갖는 생각은 모두 방재가 된다'고 대답한다. 왜냐하면 평소에 익숙한 것은 몸이 기억했다가 위급 시에 몸을 지키고 행동으로 나설 수 있기 때문이다. 반대로 평소에 하지 않은 일은 위기가 닥쳐도 할 수 없다. 아무리 재해 시라고 해도 못 먹는 것을 억지로 먹는 것은 쉬운 일이 아니다.

그러므로 평소에 아이들에게 해야 할 말, 가령 '위험한 장소를 피한다', '지진이 오면 몸을 감싸고 웅크린다', '음식을 가리지 않고 먹는다', '재래식 화장실을 이용한다'. 이 모두가 이미 방재 훈련이다.

자신은 소중히 여겨지고 있다고 느껴지는 환경을 만들어 커뮤니케이션하여 자립을 독려하고 함께 방재에 임해 나갈 수 있다면, 만일의 경우에도 협력하며 살 수 있을 것이다. 조금씩이라도 상관없다. 아이와 함께하는 방재, 즐겁게 시작하자.

특정비영리활동법인 마마플러그
액티브방재사업 대표 **도미카와 마미**(冨川万美)

소방청

육상재난의 총괄 대응 책임기관
www.nfa.go.kr

중앙 119 구조본부

국가적 차원의 특수 재난사고의 신속한 대응 역할
www.rescue.go.kr

국민재난안전포털

재난 발생 시 국민 행동 요령, 안전시설 정보, 재난 현황 및 발생 정보 조회
www.safekorea.go.kr

국민안전교육포털

대국민 대상으로 6개 생애 주기별 6대 안전 분야에 대한 안전교육 콘텐츠 제
공 및 안전교육 전문 인력, 안전체험관 관련 정보 통합 서비스
http://kasem.safekorea.go.kr/

국민안전방송

국가에서 운영하는 재난 · 안전 전문 인터넷 방송으로 각종 재난안전사고에 대
한 지식과 정보, 대처요령 등을 다양한 영상물로 제작 · 송출
www.safetv.go.kr/

행정안전부 어린이놀이시설 안전관리시스템

안전관리제도, 설치검사, 정기시설검사, 안전점검, 안전진단
www.cpf.go.kr

한국방재협회

재해 대책에 관한 연구 및 정보 교류, 재해 예방과 방재 의식 고취 위한 교육
www.kodipa.or.kr

서울종합방재센터

소방, 민방위, 재난, 자연재해 관련 신고 체계를 119로 통합 운영
https://119.seoul.go.kr

화재 생존 자가진단 프로그램

화재로부터 보다 안전한 생활을 위한 e-자가진단
www.nfa.go.kr/fire/index.do

아이와 함께하는 방재북

2020. 7. 23. 1판 1쇄 인쇄
2020. 7. 30. 1판 1쇄 발행

지은이 │ NPO 법인 마마플러그
옮긴이 │ 황명희
펴낸이 │ 이종춘
펴낸곳 │ BM ㈜도서출판 **성안당**
주소 │ 04032 서울시 마포구 양화로 127 첨단빌딩 3층(출판기획 R&D 센터)
10881 경기도 파주시 문발로 112 출판문화정보산업단지(제작 및 물류)
전화 │ 02) 3142-0036
031) 950-6300
팩스 │ 031) 955-0510
등록 │ 1973. 2. 1. 제406-2005-000046호
출판사 홈페이지 │ **www.cyber.co.kr**
ISBN │ 978-89-315-8921-4 (13590)
정가 │ **14,000원**

이 책을 만든 사람들
책임 │ 최옥현
진행 │ 김혜숙, 정지현
본문 · 표지 디자인 │ 이대범
홍보 │ 김계향, 유미나
국제부 │ 이선민, 조혜란, 김혜숙
마케팅 │ 구본철, 차정욱, 나진호, 이동후, 강호묵
마케팅 지원 │ 장상범, 조광환
제작 │ 김유석